하루 10분
놀이 중국어

하루 10분 놀이 중국어

초판 1쇄 2021년 05월 27일

기획 김도사 | **지은이** 김미성 | **펴낸이** 송영화 | **펴낸곳** 굿위즈덤 | **총괄** 임종익

등록 제 2020-000123호 | **주소** 서울시 마포구 양화로 133 서교타워 711호

전화 02) 322-7803 | **팩스** 02) 6007-1845 | **이메일** gwbooks@hanmail.net

ISBN 979-11-91447-25-5 03590 | 값 17,000원

※ 파본은 본사나 구입하신 서점에서 교환해드립니다.

※ **굿위즈덤**은 당신의 상상이 현실이 되도록 돕습니다.

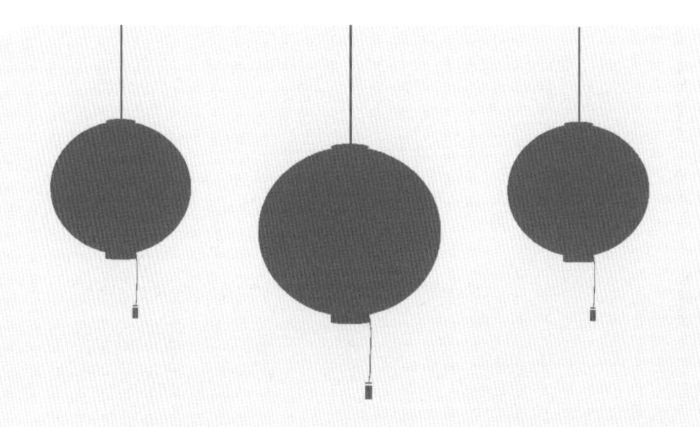

이제 영어는 필수, 중국어가 경쟁력이다!

하루 10분 놀이 중국어

김미성 지음

굿위즈덤

프롤로그

6년 전부터 중국어 강사로 재능 기부를 하면서, 쉽고 재미있는 중국어 수업을 보게 되신 학부모님과 유치원 원장님의 제안으로 중국어 수업이 하나둘씩 늘어나게 되었다. 그런데 나의 고민은 아들이 초등학교에 입학하면서 시작되었다. 모든 엄마들이 공감하시는 부분이기도 하다. 초등학교 저학년은 하교 시간이 빨라서 워킹맘들은 시간의 구속을 피할 수 없다. 아들의 육아를 책임져야 했고 이를 계기로 아들이 초등학교 들어가는 시점에서 해법 중국어 공릉 씽씽 공부방을 운영하게 되었다. 그런데 예기치도 못한 코로나19 사태가 전 세계를 휩쓸기 시작했다. "휴." 하고 한숨만 나오고 어떻게 해야 할지 난감한 순간이었다.

지금 그 순간을 돌이켜보면 아찔한 순간의 연속이었지만 '위기는 또 다른 기회가 될 수 있지 않을까' 하는 긍정의 힘을 믿어보기로 했다. 코로나19 시대로 사회적 거리 두기가 시작되었고 아들과 집에서 생활하는 시간이 늘어나면서 '조금 더 재미있고 즐겁게 생활을 할 수 없을까?' 여러 가지 생각들을 하며 아들과 친구들에게 '줌'을 이용해 집에서 놀이식으로 중국어를 수업했다. 집에서 육아하는 엄마와 아이들이 놀이를 통해 중국어를 쉽게 접할 수 있게 해보자는 취지로 책을 집필하기 시작했다. 중국어는 모국어가 아니기 때문에 무조건 즐겁고 재미있어야 한다. 아이들의 호기심을 자극하여 아이들이 직접 온몸으로 중국어를 습득하여야 중국어가 언어로 확실하게 인지되어 시간이 지나도 저절로 기억이 난다.

이제 영어는 기본 중의 기본이고 중국어가 경쟁력으로 중요해지는 이유가 있다. 중국이 세계의 중요한 강대국으로 급부상했기 때문이다. 중국어를 지금 시작한 아이와 그렇지 않은 아이는 10년 후에 분명 경쟁력에서 차이가 나게 된다. 현재 중국은 성장률 1위, GDP 3위, 외환보유고, 대미채권 1위를 달리고 있다. 중국은 10년간 약 10%대의 성장률을 지속하고 있다. 하지만 미국은 의외로 성장률이 저조하다. 미국 역시 중국의 눈치를 살필 만큼 전 세계가 중국의 발전과 성장을 주시하는 시대가 되었다.

"지금 초등학교를 다니는 학생들이 성인이 될 때 중국어를 할 줄 모른다면 취업이 힘들 것이다."

– 고(故) 이건희 삼성 회장

아이가 중국어를 좋아하고 즐기는 아이로 성장하길 바란다면 내 아이에게 맞는 맞춤 중국어 교육법을 찾아봐야 한다. 엄마는 내 아이가 무엇을 좋아하고 싫어하는지를 정확히 알아야 한다. 주입식이나 소위 말하는 스파르타식 학습법은 단어 암기나 중국어 성적은 향상시킬 수 있지만 중국어가 사람과의 감정 소통을 위해 필요한 도구인 언어라는 점에서 볼 때 바람직한 언어 습득법이 아니다. 몸과 머리와 입과 손으로 충분한 시간을 들여서 익힌 것들은 쉽게 까먹지 않는다. 언어는 반복이고 훈련이다. 매일 생활 속에서 놀이하듯 즐겁게 배워야 중국어를 자연스럽게 잘할 수 있다. 이 책은 단순히 중국어만 학습하게 하는 것이 아니라 중국문화를 알아갈 수 있도록 내용이 구성되어 있다.

이 책을 읽는 부모들은 가장 의미 있는 인생의 최고의 선물이라고 할 것이다. 성장 과정에 있는 아이들에게 미래의 인생은 신비로운 것이다. 어떻게 창조하고 설계하냐에 대한 결정권은 부모와 아이의 손에 달려 있다. 우리 아이의 미래에는 왜 중국어가 대세인지, 중국어를 왜 해야 하는지에 대해 잘 설명해놓았다. 언어는 일정 기간 동안만 공부해야 할 과목이 아니고 평생 사용하는 필수 핵심 능력이다. 실천에 옮기지 않고 고민하고 걱정만 하는 것보다 소신으로 아이를 중국어에 재미를 갖고 좋아하게끔 만드는 것에 도움이 될 것이다. 미래를 고민하는 엄마들에게도 많은 도움이 되는 책이기도 하다.

이 책은 저자가 중국어 교육 현장에서 터득한, 중국어 첫걸음을 시작하는 아이와 엄마 모두 겁먹지 않고 함께 쉽게 즐겁게 배울 수 있는 놀이식 중국어 노하우를 담고 있다. 아이마다 성향별 공부법이랑 아이가 자기 주도적으로 공부하는 방법도 적어놓았다. 워크북에 아이가 색칠할 수 있게끔 중국의 문화, 중국의 전통 공예 등을 추가하여 아이의 창의력 발달까지 고민하여 만든 책이다. 이 책의 목표는 아이가 인재로 성장하기를 바라는 모든 부모님의 뜻을 세우고 꿈을 실현하고 펼치는 것이다. 여러분은 이 책의 내용을 바탕으로 내 아이에게 맞는 좋은 방법을 찾아내야만 한다. 여기서 다루지 못하는 이야기와 고민되는 질문은 네이버 카페(https://cafe.naver.com/jyh0404)를 찾아 해주시길 바란다. 함께 고민하고 연구하다보면 점점 발전된 아이들의 중국어 환경을 만들어갈 수 있을 것이다. 이 책에 나와 있는 한 구절이 독자 여러분께 어떤 영향을 주거나 유익한 정보를 줄 수 있기를 간절히 바란다.

끝으로 이 책을 쓸 수 있도록 도움을 주신 한책협의 김태광 도사님, 위닝북스 출판사의 권동희 대표님, 저의 인생 멘토 권현구 원장님 그 외 모든 직원 분들에게 깊이 감사함을 전한다. 이토록 멋지고 바르게 세상을 살아갈 수 있게 해주신 부모님, 또한 존재만으로도 큰 힘이 되어준 사랑스러운 아들 윤호, 이 글을 읽어주시는 모든 독자 분들에게도 무한한 사랑과 감사의 마음을 전한다.

2021년 5월, 김미성

목차

2장 우리 아이에게 중국어를 어떻게 가르쳐야 할까?

3장 즐겁게 공부하는 생활 속 놀이 중국어

4장 누구나 따라하는 놀이 중국어 실전 활용법

5장 중국어 놀이를 하면 달라지는 것들

銀樓
女購免扣重
越
樓

百
貨
SPIRIT
百力牌
標準學生服

嫁粧
童裝
內衣
毛巾
日用品·百貨·批發零售 8334266

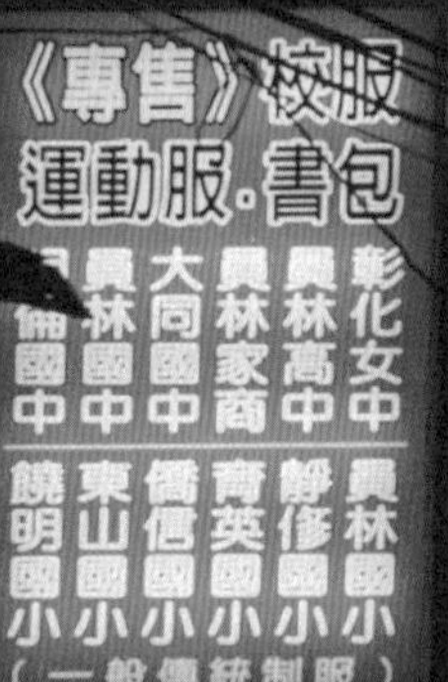
《專售》校服
運動服·書包
彰化女中
員林高中
員林家商
大同國中
員林國中
饒明國小
東山國小
僑信國小
青英國小
靜修國小
員林國小
（一般傳統制服）

泉 食品
月餅創始店

豐隆百貨行
批發·零售

SHISEIDO
資生堂
國民旅遊卡
特約商店

丐幫滷味

1장

이젠 중국어 놀이 수업이 답이다

- 01 -

내 아이 중국어 교육 어떻게 시작하면 좋을까?

중국의 빠른 경제 발전 속도로 국제적 위상이 높아지면서 국내외에서 중국어 학습 열풍이 날이 갈수록 뜨거워지고 있다. 시대가 시대인 만큼 요즘 엄마들은 중국어에 관심을 많이 두고 있다.

중국어를 습득하려면 놀이 중국어는 어떻게 시작해야 우리 아이가 재미있고 즐겁게 할 수 있을까? 많은 엄마가 궁금해하기도 하는 문제다. 이 문제를 풀기 전에 간단히 필자의 에피소드를 이야기해보고자 한다. 아이가 좋아하는 것, 잘하는 것, 필요한 것을 계속 바라보고 연구하다 보면 전문가가 된다. 항상 유심히 아이를 잘 살피고 관찰을 하게 되면 앞으로 정말 도움이 많이 되며 아이를 바라보는 면도 향상되기 때문이다.

결혼하고 나서 집에서 아이를 키우는 동안 나는 내가 잘할 수 있는 것이 무엇일지 탐구하고 찾아 나섰다. 주위에서 중국어 강사를 하면 잘할 것 같다는 추천에 국제 중국어 교사 자격증을 공부하기 시작하여 자격증을 취득했다. 그 무렵 아이가 겨우 두 살이었다. 자격증을 취득하고 인풋을 아웃풋으로 해야 해서 재능 기부를 하기 시작했다. 6개월이 지난 후 지인을 통해 유치원 중국어 출강 강사 면접을 보면 어떻겠냐는 제의를 받았다. 면접에 합격하여 처음으로 강의료를 받고 강의를 해보았다. 지금 생각하면 그때 처음 아이들 앞에서 설 때 성인들 수업보다 더 떨렸던 것 같다. 며칠 전부터 어떤 강의를 할까 하는 걱정에 잠도 안 오고 교구를 준비하면서 며칠 밤을 꼬박 새우기도 했다. 유치원 수업이 30분이었지만 긴장을 많이 해서인지 시간이 더 길게 느껴졌다.

엄마가 중국어에 관심을 갖게 되면 아이도 관심을 갖게 되고, 엄마가 쉽고 재미있게 생각을 하면 아이도 쉽고 재미있게 받아들인다. 부모는 자식의 거울이기 때문에 아이들은 부모를 보고 배우고 따라 하게 된다.

부모의 모습은 살아 숨 쉬는 교과서이다. 우선적으로 엄마의 마음가짐이 준비되어 있다면 아이는 자연스럽게 관심을 갖게 된다. 그만큼 엄마의 노력과 소통이 필요하게 됨을 알 수 있다. 하루아침에 우리 아이가 갑자기 중국어를 좋아할 수는 없다. 그리고 우리 아이를 믿어야 하고 믿는 만큼 아이는 성장한다.

아이의 눈높이에 맞게 아이가 좋아하는 분야로 초점을 맞춘다. 중국어와 친해질 수 있는 환경을 만들어주면 그것보다 더 좋은 것은 없을 만큼 금상첨화다. 우리 아이가 중국을 좋아할 수 있도록 다양한 활동을 활용해서 중국어와 중국 문화에 자연스럽게 노출시켜주는 것이다. 중국어 동요로 노출을 시켜주고 재미있는 보드게임 등을 활용해서 중국어에 친숙해질 수 있도록 해준다. 학습이 아닌 놀이라 느끼게 하는 것이 중요한 핵심 포인트다. 엄마랑 함께 놀이로 중국어를 하는 게 좋은 방법이다.

저자는 코로나로 인해 집에 있는 시간이 많아졌다. 아이가 하교하고 오면 집에서 아이랑 같이 할 수 있는 놀이로 오후를 시작한다. 남자아이라 몸으로 하는 것을 좋아한다. 몸으로 하기 전에 우선 우리 신체, 몸에 대해 중국어로 배우며 마인드맵으로 단어를 확장한다. 마인드로 우리 몸을 가운데 적고 우리 몸에 대해 가지치기를 한다. 마인드맵은 단어를 시각화해 준다. 마인드맵을 도구삼아 전략을 세운다.

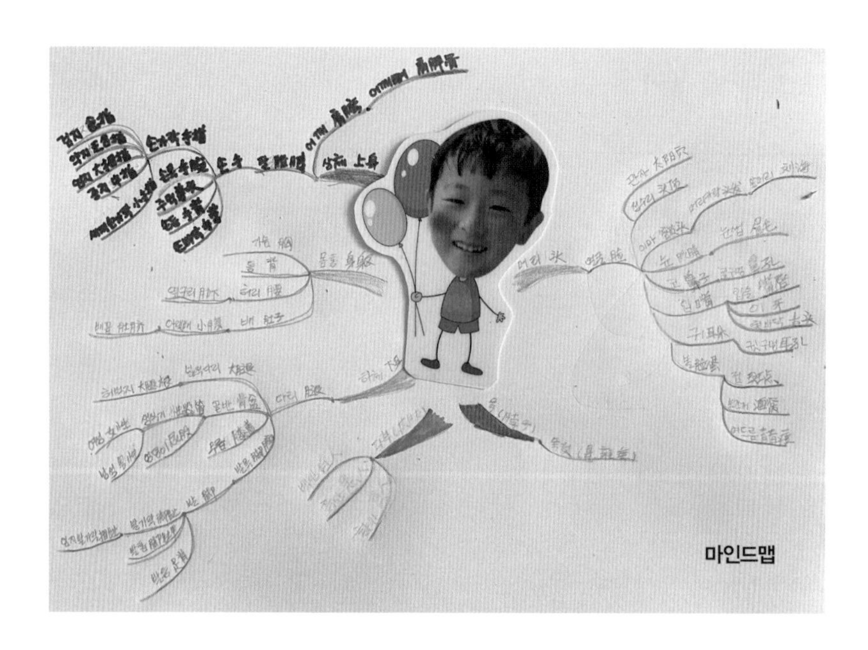

마인드맵

아이들이 가장 좋아하는 것은 무엇일까? 바로 '놀이'다. 놀이에다가 중국어를 살짝살짝 넣어주면 거부감 없이 즐겁고 재미있게 중국어를 받아들인다. 중국어를 알지 못하는 엄마도 괜찮다. 아이의 수준에 맞게 중국어로 같이 시작해서 배워가면 된다. 놀이 중국어를 하면서 엄마가 적극적이어야 한다. 별거 아닌 듯하지만 가끔 웃긴 표정, 망가지는 모습을 보여주면 아이들이 더 재미있어한다. 그리고 중국어를 좋아할 뿐만 아니라 엄마와 사이가 더 돈독해지면서 더 좋아하게 된다. 세상에서 엄마가 최고인 줄 안다. 그렇게 하루 10분 꾸준히 아이랑 놀이 중국어를 진행하면 학습 패턴이 습관이 된다. 아이의 중국어 실력도 쑥쑥 향상될 수밖에 없다.

자! 그럼 그동안 어떻게 우리 아이 공부를 시작하면 되는지 몰라서 망설였다면, 이 책을 보는 순간부터 아이랑 함께 놀이 중국어를 시작해보자.

중국어를 전공했거나 배웠던 엄마들도 직접 가르쳐보고 싶은 욕심과 의욕이 있을 텐데 막상 자녀를 교육하려면 어떻게 시작해야 할지 막막하다. 중국어 교육의 시기만큼 중요한 것이 "어떠한 방법으로 어떻게 시작하는 것이 좋을까?"이다. 가장 좋은 방법은 아이가 중국어에 흥미를 느끼고 친근하게 생각할 수 있도록 하는 것이다. 그러려면 환경에 자연스럽게 자주 지속해 노출시켜주어야 한다. 가장 효과적인 방법은 부모가 먼저 중국어를 알려고 하는 것이다. 처음부터 꼭 중국어만 사용해야 한다는 부담을 가질 필요는 없다. 중국어를 처음 접할 때는 중국어를 사용하는 환경에 규칙적이며 지속적으로 노출하는 것이 중요하기 때문이다.

단, 발음과 성조는 꼭 짚고 넘어가야 한다. 발음과 성조는 특별히 CD의 도움을 받는 것도 좋다.

아이가 중국어에 대해 어느 정도 흥미를 보이면, 부모는 조금씩 역할을 줄여나가는 것이 좋다. 사실 중국어를 처음 배우는 단계에서는 올바른 발음과 성조 습관을 들이는 것이 무엇보다 중요해서 이 시기만큼은 전문가의 도움을 받는 것이 좋다. 중국어는 같은 글자에 여러 가지 발음이 나는 경우가 많으며 발음이나 성조에 따라 그 뜻과 의미가 달라지게 된다. 또한 한국어에 없는 권설음 같은 새로운 발음이 있어 이것을 익히기는 쉽지 않다. 이것이 다른 외국어보다 중국어의 발음과 성조의 훈련이 더 중요한 이유다.

단어나 표현은 조금씩 익히면 되지만 발음은 초기에 정확하게 익혀두지 않으면 고치기 어려우며 쓰기 훈련은 발음과 성조를 익힌 후에 시작해도 늦지 않다. 발음은 초기에 정확하게 익혀두지 않으면 고치기 어렵다. 중국어에서 쓰기 교육은 발음과 성조를 익힌 후에 시작해도 늦지 않다. 표준 중국어는 국내에서 한자 교육용으로 사용하는 번체자가 아닌 간체자를 사용하는데 어린 학생들이 새롭게 익히기엔 다소 어렵다.

간체자는 중국의 문자 개혁에 따라 자형(字形)을 간단하게 고친 한자다. 예를 들어 '나라 국(國)'자를 '国'으로 바꿔 쓰는 형태다. 성조와 발음 교육을 선행한 후 자녀가 직접 문장으로 중국어를 표현해보고 싶어 할 때 간체자를 가르치는 것이 바람직하다. 하지만 지나친 성조와 발음 교육을 지향하면 어린이가 중국어 학습에 쉽게 지칠 수 있으므로 간단한 인사나 대화를 학습하며 즐거운 학습 분위기를 이어나가는 것이 중요하다. 대화에서는 발음이나 단어를 따로따로 가르치지 말고 간단한 통 문장으로 한꺼번에 가르쳐야 한다. 예를 들어 발음을 먼저 시작하고 튼튼하게 자리 잡은 후 스토리텔링 책으로 들어가면 아이들이 재미있어하고 중국어 실력을 향상하는 데 큰 도움이 된다.

우리 아이를 다른 아이와 비교하지 말자. 엄마의 끊임없는 열정, 꾸준한 습관이 중요하다. 처음에는 엄마가 이 모든 것을 만들어가야 한다는 생각이다. 그 이후로는 아이마다 개인차가 있겠지만 앞을 바라보면서 꾸준히 하면 지금의 그 열정과 노력이 헛되지 않을 것이다. 노력이 헛되지 않았을 때 보람을 느끼기도 한다. 뭐든지 불타는 열정과 꾸준한 노력이 좋은 결과를 가져다 준다. 좀 힘들더라도 포기하지 말고 우리 아이의 미래를 생각해서 아이에게 꾸준한 습관을 길러주자. 분명한 것은 외국어 학습은 투자한 시간을 절대 배신하지 않는다는 것이다. 절대적인 학습 시간이 무엇보다 중요한 때이다. 노력하는 엄마의 모습을 보는 우리 아이들도 언젠가는 엄마의 노력에 감동하고 변화에 반응할 것이다.

- 02 -

우리 아이가 좋아하는 놀이로 중국어를 시작하라

우리 아이를 위한 놀이 중국어의 첫출발 이렇게 시작하자. 무엇이든 시작이 중요하며 시작이 반이라는 말이 있듯이 놀이는 아이의 뇌 발달을 촉진시키며 대뇌피질을 활성화시키고 다양한 감각 경험을 통해서 전뇌까지 골고루 자극해준다.

이처럼 놀이 활동은 뇌 발달을 증진하고 사고의 효율성을 높일 뿐만 아니라 학습을 즐겁게 만든다. 우리 아이가 처음 어떻게 시작하냐가 정말 중요하며 지루하고 재미없다면 중국어에 대한 반감이나 앞으로 우리 아이가 중국어를 배울 기회조차 빼앗게 되기 때문이니 꼭 명심하자.

날마다 놀아달라고 하는 아이들, 노는 것도 중국어와 함께라면 더 의미 있지 않을까? 사실 놀이에도 준비가 필요하고 아이와 처음부터 교구를 같이 만들어 놀이하듯 공부하면 우리 아이가 부담 없이 자신감과 흥미를 느낄 수 있다. 그럼 어떻게 노는 것이 우리 아이에게 좋을까? 먼저 아이와 구체적인 계획을 세워 실행해야 한다. 아이가 원하고 느끼는 대로 아이에게 규칙에 대해 알려주고 놀이할 장소를 정하라. 아이가 선뜻 결정을 못 한다고 해서 조급한 마음을 갖지 말고 스스로 놀이를 선택할 수 있게 인내심을 갖고 기다려야 한다. 아이와 함께 놀이할 때는 아이의 결정을 존중해준다. 예를 들어 우리 아이가 좋아하는 놀이로 시작하면 아이는 엄마와 놀면서 중국어를 저절로 습득할 수 있다. 엄마도 아이도 부담 없이 중국어를 즐길 수 있다. 아이와의 특별한 놀이 시간이 진행될수록 아이는 부모와 더 많은 것을 함께 나누고자 할 것이며 나누다 보면 중국어를 잘할 수밖에 없다.

아이들은 언어를 통해 자신의 생각과 감정, 욕구 등을 원활하게 표현하지 못하기 때문이다. 아이들과 대화를 잘하려면 아이들이 언어 대신에 사용하는 의사소통 방법에 주목할 필요가 있다. 그중 가장 효과적인 것이 놀이며 놀이는 언어와 같다. 놀이가 우리 아이의 언어라면 놀잇감이나 놀이 도구는 단어라고 할 수 있다. 성인은 언어를 통해 자신의 어려움을 표현하고 해결하지만, 언어가 발달하지 않은 아이는 놀이를 통해 표현한다.

놀이는 아이의 언어를 대신한다는 점에서 가치가 있지만, 그 이외에도 친밀한 관계 형성이라는 또 다른 이점을 포함하고 있다. 부모 자녀 관계를 친밀하게 해줄 수 있는 것이 바로 놀이다. 놀이는 또 아이에게 긍정적인 감정을 준다. 놀이를 통해서 아이가 행복을 느낀다. 아이는 놀이를 하면서 발생하는 긍정적인 감정을 부모와 함께 나누고, 부모에 대한 긍정적 느낌과 인식을 발달시킨다.

"다른 이를 행복하게 하는 것은 향수를 뿌리는 것과 같다. 뿌릴 때 자신에게도 몇 방울은 튄다."

– 유대 격언

이 유대 격언에서 주는 교훈처럼 내가 행복하기 위해서는 다른 이도 행복해야 한다. 다른 이와 상관없이 나만의 행복이란 이 세상에 존재하지 않기 때문이다. 이처럼 행복은 소유가 아니라 관계에서 찾아온다. 다른 이를 행복하게 하면 내가 행복하고 내가 행복하면 다른 이도 행복하다. 자식이 행복하면 부모가 행복하고 아내가 행복하면 남편이 행복하다. 이웃이 행복하면 우리 집도 행복하고 고객이 행복하면 회사가 행복하다.

중국어 교육은 영어 교육 시장만큼 다양한 교구가 많이 판매되지 않고 있다. 이러한 환경과 실정을 탓할 필요는 없다. 엄마와 아이가 함께 교구를 만들어서 놀이하듯 공부하고 교구를 만들어가는 과정에서도 우리 아이가 중국어에 더욱 흥미를 느낄 수 있다. 엄마랑 아이랑 같이 만드는 재미도 있다. 만들다 보면 같은 공감대가 생기기도 한다. 여기서 보면 우리 아이 창의력이 폭발적으로 변해가는 것을 볼 수 있다.

예를 들어 중국어 단어 카드를 만들어보는 것도 좋은 방법이다. 두꺼운 도화지를 적당한 크기로 잘라 한자나 병음(拼音)을 쓰고 그림을 그려 넣으면 된다. 앞면은 한자(汉字)나 병음(拼音)으로, 뒷면은 그림으로 꾸며도 좋다. 그림 카드와 글자 카드를 별도의 세트로 만들어두면 활용도가 높아진다. 트럼프 카드 크기로 만드는 것이 활용하기 편하다는 것을 참고하자. 짝 맞추기나 스피드 퀴즈, 카드 기억하기 등 여러 가지 다양한 놀이로 응용할 수 있고 카드를 만드는 과정도, 카드를 모으는 과정도, 카드를 가지고 노는 과정도 우리 아이에게 공부가 될 수 있다.

남자아이 같은 경우는 클레이로 조물조물 공룡을 만들고 자동차를 만드는 것도 풍부한 상상력을 길러준다. 여기서 단어를 중국어로 한 번씩 이야기해주면 학습 효과가 한층 더 심화된다. 그럼 마인드맵으로 공룡의 종류부터 공룡을 세분화하고 다리, 눈, 몸, 발 등을 중국어로 공부하게 된다. 이렇게 스토리텔링으로 꼬리에 꼬리를 물며 대화하듯이 놀아주면 지루하지도 않아 시간 가는 줄 모르고 재미있게 놀이 중국어를 자연스럽게 습득할 수 있다.

여자아이 같은 경우는 소꿉놀이나 병원 놀이 같은 것이 좋은 방법이다. 엄마들도 어렸을 때 많이 해본 역할 놀이이기도 하다. 저자는 집에서 아들과 시장 놀이를 통해 서로의 역할을 정하고 게임의 규칙을 정하곤 했다. 이때 중요한 것은 우리 아이가 스스로 게임 룰을 정하게 하는 것이다. 아이가 스스로 규칙을 정하기 어려워하면 엄마가 해도 무방하다. 시장 놀이 게임은 아주 간단해서 준비물이 필요 없고 언제 어디서나 쉽게 할 수 있는 게임이다. 이 게임을 통해 기억력이 향상되기도 한다.

놀이 게임은 어린아이들이 무의식적으로 언어를 습득하게 해주는 장치다. 어린이는 놀이를 통해 새로운 역할과 새로운 경험을 한다. 놀이를 통해 스트레스를 받으면 바람직한 학습 효과가 아니므로 아이가 즐거운 환경에서 활동할 수 있게끔 활동이 이루어져야 한다.

중국어 놀이를 할 때 한 가지 활동보다 다양한 주제와 활동을 통합하여서 하는 것이 좋다. 다양한 활동을 통해 중국어를 더욱더 재미있게 배울 수 있기 때문이다. 예를 들어 미술과 함께하는 수업시간에는 아이들 눈이 반짝반짝하며 금세 집중하기 시작한다. 또한 만들기나 색칠하기도 좋은 수업 방법이다. 엄마랑 같이 만들고 그리는 작업을 통해 협응력을 키울 뿐만 아니라 직접 만들어서 사용하다 보면 중국어로 다시 한번 더 이야기 할 수 있다.

이처럼 누가 시키지 않아도 자기 스스로 즐겁게 말할 수 있다. 우리 아이에게 흥미를 불러일으킬 수 있는 요리 활동, 시장 놀이 등 다양한 영역에서의 활동을 통해 자연스럽게 중국어를 구상하며 얻을 수 있는 효과는 무궁무진하다. 이것을 더 체계적으로 보완하면 요즘 초등학교를 중심으로 시행하고 있는 몰입 교육이 된다. 처음부터 어렵고 번거롭게 생각하지 말고 아이들과 함께 즐겁고 재미있게 중국어 놀이를 하려는 의지만 있으면 된다. 찬트와 마술 놀이를 중국어와 병행하는 것은 어렵지 않다. 다만 엄마들의 적극적인 의지가 필요할 뿐이다.

아이들이 좋아하는 것은 거의 비슷하다는 것을 느꼈다. 내가 유치원 출강을 갈 때면 꼭 우리 아들에게 하는 게 있다. 교구나 그날에 수업할 내용을 아들 앞에서 시범해본다. 아이가 재미있다고 하는 수업은 거의 실패해본 적이 없다.

처음에는 우리 아이가 안 좋아해도 다른 아이는 좋아하겠지 하면서 가서 수업해보면 아이들의 반응이 별로다. 그때 느낀 것은 아이들의 성장 시기는 거의 비슷하고 좋아하는 놀이도 비슷하다는 사실이었다.

여기서 다른 아이들과 비교하면 안 된다. 성인들도 생각과 느끼는 감정이 다르고 결과가 다르듯이 우리 아이들도 저마다 생각, 사고 등이 다르다. 이때 엄마들이 우리 아이가 잘할 수 있는 부분을 격려해주고 계속 질문을 던져 아이와의 대화를 이끌어야 한다. 그리고 엄마들이 최대한 우리 아이한테 집중을 쏟아야 한다. 우리 아이가 조금 장난꾸러기처럼 말도 안 듣고 힘들게 할 때도 숨을 들이마시고 심호흡을 세 번 하고 나서 아이와 말을 한다.

우리나라에선 2009년 10월 9일 한글날, MBC 특집 다큐멘터리 〈말의 힘〉에서 '고맙습니다', '짜증나'의 비밀이라는 제목으로 실험한 결과가 있다. 몇 년 전 실험인데 지금도 동영상으로 많이 알려져 있다.

이 실험을 위해 오상진 아나운서, 손정은 아나운서, 최현정 아나운서가 병에 밥을 넣어서 2병씩 나눠 가졌다. 한 병에는 '고맙습니다'를 써서 좋은 말만 하고, 한 병에는 '짜증나'를 써서 나쁜 말만 해서 4주 동안 실험을 하고 나서 4주 후에 뚜껑을 열어본 결과 '고맙습니다' 병에는 하얀 곰팡이가 예쁘게 자랐는데 '짜증나' 병에는 거무스름한 독 곰팡이가 심한 악취를 피우고 있었다. 이걸 보며 말에도 생명력이 있음을 다시 생각하게 된다. 말이 힘이고 에너지다. 모든 원인은 마음과 감정과 언어로 시작되는 것이 아닐까하고 다시 생각하게 된다.

이 실험을 통해 깨달음의 시작이 되었다. 우리 아이에게 좋은 말과 사랑을 담아 표현한다면 더 건강하고 밝게 자랄 수 있게 된다는 것을 잊어선 안 되겠다.

엄마의 욕심이 우리 아이 성향에 맞지 않거나 아이가 좋아하지 않는 놀이로 아이와 함께 놀이 중국어를 하게 되면 아이는 그때부터 하기 싫어하게 되며 엄마가 주체가 아닌 아이가 놀이 주체가 되어 아이가 좋아하고 선택한 놀이를 통해서야만 자연스럽고 재미있게 할 수 있다. 즐겁고 집중도 높은 중국어 환경을 만들어줘야 한다. 아이가 좋아하는 놀이, 맛있는 음식 등 아이가 좋아하는 것을 활용하는 것도 좋다. 아이와 즐겁게 놀이 중국어 시간을 보내려면 아이가 좋아하는 놀이를 선택하여 시작해보자.

-03-

놀이를 통해서 중국어라는 선물을 주는 엄마가 되기

요즘은 중국어 하면 생소하지 않다. 세계적 리더의 자녀 중 버락 오바마의 둘째 딸 사샤도 중국어를 선택해 배우고 있다. 국내 재벌가인 삼성전자 이재용 부회장의 자녀도 중국 상하이로 유학을 떠났다고 알려졌다. 바야흐로 영어는 기본이고 중국어가 필수인 시대가 열렸다. 여러분들도 우리 아이에게 '중국어'라는 선물을 주는 게 어떨까?

우리 아이에게 어렸을 때 "놀이 중국어" 선물을 주는 엄마가 되자. 아이가 성인으로 성장해 사회로 나가면 그 값어치는 환산할 수 없는 대가

다. 지금 시작하지 않으면 언제 하겠는가? 최대한 어렸을 때부터 외국어를 시작하는 게 좋다. 외국어를 구사할 줄 아는 것은 내가 더 넓고 나은 세계로 나아갈 준비가 되어 있다는 것이다. 외국어 습득 자체를 목표로 하는 공부가 아니라 외국어를 통해 더 넓고 큰 세계에서 나의 역량을 발휘하려면 성인이 되기 이전부터 시작해야 한다.

"지금 초등학교를 다니는 학생들이 성인이 될 때 중국어를 할 줄 모른다면 취업이 힘들 것이다."

– 고(故) 이건희 삼성 회장

엄마들은 자기 자식에게 뭐든지 다 해주고 싶어 한다. 사랑, 경제적인 풍요, 교육도 마찬가지다. 그런데 무엇을 주냐에 따라 아이의 미래가 180도 달라질 수 있다. 우리 아이에게 소중한 선물을 줄 수 있는 엄마가 될 준비가 되어 있는지 생각해보자. 우리 아이가 원하고 이 세상이 바라는 것이다. 엄마들은 아이가 똑똑한 것도 좋겠지만 행복한 아이로 자랐으면 하는 마음을 더 크게 갖고 있을 것이다. 왜냐면 사람들은 세상을 살면서 너무 삶에 찌들어 있기 때문이다. 그럼 우리 아이가 중국어를 통해 행복하면 더 좋지 않겠는가?

친하게 지내는 지인 중에 엄마는 중국인이고 아빠가 한국인인 다문화 가정이 있다. 그들에게는 어여쁜 열두 살 정○○라는 딸아이가 있다. 그 아이는 어렸을 때부터 엄마의 조기교육으로 태어나서부터 중국어로 아이랑 계속 소통했다고 한다. 그래서일까 아이는 현재 중국어를 잘하는 아이로 성장했다. 아빠도 아이와 한국어로 말하다 보니 자연스럽게 이중언어를 익히게 되어 한국어와 중국어를 동시에 구사할 수 있게 되었다. 엄마는 한국어가 서툴러도 중국어를 딸 ○○에게 일상생활에 자연스럽게 잘 노출시키면서 가르쳐준 것 같다.

친구네 집에 놀러 가면 중국어로 소통하는 ○○가 가끔 우리 이야기를 엿듣고 있다가 끼어들기도 한다. 그 아이는 중국 문화도 너무 좋아하는 것 같다. ○○는 방학만 되면 중국에 있는 외할머니네 댁에 놀러가 자연스럽게 중국 문화도 익히며 중국 친구들도 사귀고 중국어도 배우고 오게 된다. 한번 중국에 갔다 올 때마다 정말 중국어가 많이 늘어서 온 것을 보게 된다. 그런 걸 보면 아이들은 스펀지와 같다. 들은 것을 바로 말하게 된다는 것이다. 몇 년을 중국에 다녀오더니 지금은 중국어에 재미가 들려 빠져 있다. 아이들은 자기 스스로가 좋아해야 더 잘하려고 노력하는 것 같다.

중국어 잘하는 아이들에게는 공통점이 있다. 바로 뛰어난 모국어 구사 능력이다. 한국어 잘하는 아이들은 중국어도 잘한다는 뜻이기도 하다. 요즘은 대한민국이 중국어 조기 교육 열풍으로 뜨겁다. 일반 유치원도 영어 유치원도 중국어 교육을 하고 있다. 아이들을 가르치다 보면 모국어를 잘하는 아이가 중국어도 잘한다는 것을 느꼈다. 모국어 어휘를 잘 구사하고 잘 이해하는 아이가 된다.

아이들이 스스로 선택하여 하기 시작하는 놀이는 훗날 인성과 학습 능력의 기초를 형성하고 사고의 발달에 도움을 준다. 우리 아이의 기초 학습 능력을 형성시키는 데 좋은 방법은 놀이의 활동을 이용하는 것이다. 일상에서 도입한 '놀이'는 우리 아이에게 재미있다는 생각을 하게 할 것이다.

우리 아이들에게 몇 가지 놀이로 학습 능력을 형성시켜보자. 다음과 같은 놀이가 있다.

1. 여러 가지 카드 놀이를 통한 중국어로 수 세기
2. 주사위 놀이와 색깔 놀이를 하며 단어 익히기
3. 카드 뒤집기 놀이를 하며 맞춘 똑같은 그림을 중국어로 말하기

자녀에게 부모가 배우기를 즐긴다는 것을 보여주면 어떨까? 아이가 유치원이나 학교에 갔다 오는 시간이면 책을 안 읽어도 책을 꺼내 공부하는 모습을 보여주자. 그리하면 우리 아이도 자연스럽게 관심을 보이고 본인이 좋아하는 책을 가져올 수도 있다. 이제 놀이를 통해 자녀의 중국어를 최대한 끌어낼 수 있는 방법을 살펴보도록 하자. 놀이란 아이들이 학습으로 가는 첫걸음이다. 많은 교육자는 "놀이는 곧 아이의 공부다"라고 한다. 왜냐면 놀이를 통해 아이들은 많은 것을 경험하고 체험할 수 있기 때문이다.

놀이의 가치는 평생 지속되며 놀이를 통한 학습은 아동기 때만 영향을 주는 것이 아니라 학교생활에서도 사고와 기술을 연마시킨다. 성인들도 마찬가지로 놀이 활동을 통해 무의식적으로 아이들과 놀면서 학습한다. 잼잼 놀이를 할 때 엄마는 자신도 모르는 사이에 아이의 소근육 발달을 돕는다. 블록 놀이를 통해서는 아이들은 색상, 모양, 중력에 대해 배우기도 한다.

저자의 아이는 어렸을 때 화장실에서 욕실 벽에 물감 칠하기도 하고 그림 그리기도 많이 했다. 대부분 아이는 욕실이라는 공간과 물을 좋아한다. 이때 아이가 마음껏 색칠하고 놀이를 하게끔 해야 하고 부모가 놀이를 통제하려 하면 안 된다. 놀이의 주도권은 우리 아이에게 맡겨라. 그렇게 되면 놀이하듯 학습하려는 욕구를 끌어올릴 수 있다. 천천히 아이와의 교감 능력을 키우자. 모든 부모가 그런 것이 아니지만 바로 학습의 즐거움보다는 답답함이 더 커서 아이에게 짜증을 내거나 화를 내게 되면 결국 아이를 다그치게 되는 것이다. 왜 그런 것일까? 그것은 바로 부모님들이 자녀에 대한 기대치가 높기 때문이며 기대치가 높은 만큼 여러 번 설명해주었는데 이해하지 못하거나 열심히 이끌었는데 학습에 집중하지 못하면 아이들에게 상처를 주게 된다. 훈육이 아닌 통제가 되는 경우가 많다.

놀이 수업을 통해 아이와의 거리가 많이 좁혀졌다. 전에는 매일 일에 집중하다 보니 아이랑 놀아줄 시간이 부족해서 아쉬웠다. 지금은 하루의 시작과 마무리는 웃으며 하는 날이 많아졌고 또한 아이와 함께하는 모든 시간과 아이와 함께 따라 불렀던 동요, 같이 도란도란 즐겁게 읽었던 책들 그리고 함께 만들어 본 작품들까지 상세히 기록했다. 엄마표 중국어는 아이의 머릿속에 지식만 넣어주는 수업이 아니라 아이와 함께 공감을 나누는 소중한 시간이다. 아이의 감정을 읽고 공감하며 서로 소통하는 시간 자체에 의미를 두면 아이도 엄마도 분명 더 마음 편하게 수업을 즐길 수 있다.

아이가 놀이를 시작하면 엄마가 아이를 믿고 기다려주는 시간을 가질 때 아이는 제대로 된 놀이를 즐기게 된다. 아이가 스스로 할 수 있고 자꾸 하고 싶게 만드는 최적화된 학습 조건을 만들어간다. 엄마와 즐거운 소통이 매일 반복될 때 아이에게는 놀이와 언어는 습득할 수 있는 최적의 조건인 언어에 대한 흥미와 집중력, 이해력을 높여주는 적합한 환경이 된다. 놀이 수업은 아이의 지식을 확장하고 내 아이의 성향을 잘 파악할 수 있도록 도와준다. 아이의 성향을 파악하고 그에 맞는 놀이 중국어를 준비하고 시작하는 것이 정말 중요하다. 아이가 힘들어할 수 있는 부분이라든가 속도가 더딜 수 있는 시기를 예측할 수 있어야 한다. 그래야 최대한 지치지도 않고 아이의 자존감을 키워줄 수 있다. 엄마는 놀이라는 중국어로 아이에게 흥미를 갖고 다가가보자.

놀이 연구의 선구자인 심리학자 스튜어트 브라운은 말했다.

“놀이가 인생을 구해준다는 말은 과장된 것이 아니다. 놀이는 내 인생을 구원했다. 놀이가 없는 인생은 생존에 꼭 필요한 일들을 중심으로 지루하게 돌아가는 기계와 유사하다."

미국놀이연구소를 설립한 그는 바쁘게 살아가는 현대 사회에 놀이를 위한 시간이 필요하다는 주장을 펼쳐 유명해졌다. 남녀노소 누구나 건강하고 즐거운 삶을 위해 여가 생활을 누려야 한다는 뜻이다.

놀이를 통해서 중국어라는 선물을 주는 엄마가 되자. 그런데 누군가에게 선물을 받았을 때 비싼 선물이라고 내밀었던 선물이 그다지 필요한 선물이 아니어서 한쪽 구석에 놓아 뽀얀 먼지만 가득 쌓여 있을 때가 있거나 그 반대로 내가 원하는 선물을 받았을 때는 사용할 때마다 고마움을 느끼며 선물을 준 사람의 얼굴을 또 한 번 떠올리던 때가 있을 것이다. 자식에게 주어야 할 관심과 사랑도 자식이 원하는 것이 되어야 할 것이다.

- 04 -

어떻게 해야 우리 아이가 중국어를 잘할 수 있을까?

어떻게 해야 우리 아이가 중국어를 잘할까? 많은 엄마로부터 종종 중국어 학습의 비결이 무엇이냐는 질문을 받는다. 저자도 아이를 양육하면서 외국어 학습을 쉽게 할 수 있는 지름길이 있는지 고민해보기도 했지만 쉽게 할 수 있는 지름길은 없는 것 같다. 시간을 투자하고 꾸준한 노력을 하는 것이 외국어 학습의 왕도(王道)라고 믿는다.

"저희 아이가 중국어를 잘할 수 있는 책을 추천해주세요."

"우리 아이는 어느 정도를 해야 중국인과 일상 대화가 가능할까요?"

언어는 하루아침에 노력해서 되는 문제가 아니다. 언어는 마라톤과 같다. 50m 달리기처럼 단시간으로 끝나는 게 아니다. 적당한 호흡과 일정한 속도로 인내심을 갖고 달려야 한다. 식지 않는 열정만이 마라톤 경기를 완주할 수 있다. 모든 언어는 장기간에 걸쳐서 자연스럽게 스며드는 것임을 알자. 그리고 우리 아이가 중국어를 배우면서 습득을 잘하는지는 아이마다 차별이 생기게 된다. 천부적인 재능으로 언어 구사력을 타고난 아이가 있지만 일반적으로 국어를 잘하는 아이가 중국어도 잘한다.

언어는 무한 반복 학습이고 단기 기억을 장기 기억으로 바꾸는 힘으로 '반복' 훈련하기 때문이다. 언어를 잘하려면 공부 시작하기 전에 언어 공부를 할 마인드를 리셋하는 게 제일 우선이다. '우리 아이를 중국어 학원에 몇 개월 맡기면 되겠지.'라는 생각으로는 공부가 안 된다.

그럼 언어 공부를 하겠다는 마인드가 무엇인가? 우리 아이 중국어 공부는 주입식이 아니며 놀이라는 확실한 마인드를 확정한 후 시작되어야 한다.

가령 하루에 10분씩 놀이 중국어로 아이랑 소통하고 놀아주는 훈련이다. 어떻게 놀아주느냐에 따라 한자가 쉽고 몸으로 대화하듯이 익힌다면 쉽고 잊어버리지 않게 된다. 중국어 단어에도 노출하고 몸으로 대화하듯 익혀야 쉽게 잊어버리지 않는다. 아래의 몇 가지 방법을 알아보자.

첫째, 오감을 통해 맛있는 중국어를 느끼게 하라!

아이들은 오감을 통해 많이 만지고 느끼고 맛보고 맡아보고 감각을 자극하는 활동이 제일 좋다. 아이들의 오감을 자극해 체험을 익히는 중국어가 기억에 오래 저장된다. 예를 들어 컵을 몇 개 준비하고 컵마다 각종 과일을 넣어 두고 아이의 눈을 가려 맛을 보게 한다. 맛을 보면서 이것은 단맛, 단맛이 나는 감을 넣어둔다. 그리고 무슨 맛인지 그리고 어떤 과일인지까지 맞추게 한다. '달다'는 중국어로 甜[tián:티엔], '쓰다'는 苦[kǔ:쿠], '시다'는 酸[suān:쏸], '짜다'는 咸[xián:씨엔], '맵다'는辣[là:라]이다. 또 율동과 노래를 함께 부르고 아이와 마트에서 장을 보면서도 과일이나 야채의 색깔 같은 것을 말해주면 더욱 좋다. 아이들의 오감을 동시에 활용하여 몸으로 습득하는 교육 방법이다. 아이들의 중국어와 중국 문화에 대한 호기심을 유도하고 스스로 중국어로 표현할 수 있는 자신감을 키워준다.

둘째, 음악처럼 들을 수 있게 평상시에도 틀어놓아라!

아기들은 태어나서 먼저 말부터 내뱉지 않고 엄마의 소리라든지 TV 소리를 우연히 듣게 되면서 소리에 노출되어 모방하여 옹알이에서부터 엄마 아빠 맘마를 따라 하면서 하나씩 단어로 말문이 트이게 되고 그다음 단계 문장을 만들어 말을 한다. 중국어도 마찬가지다. 처음에는 귀로 많이 듣고 그 소리가 익숙할 때 자연스럽게 입으로 내뱉을 수가 있다. 우리 아이에게 빠른 학습 결과를 기대하지 말고 조급한 마음은 접어두고 우선 틀어놓고 소리에 많이 노출시켜라. 아이가 편하게 놀고 있을 때든지 밥 먹을 때든지, 샤워할 때든지 아무 때나 상관없다. 가끔 아이들이 뜻은 몰라도 신기하게도 제법 따라 하기도 한다. 아이들이 자연스럽게 듣고 중국어를 사용할 수 있게 하는 것이다.

셋째, 엄마와 아이랑 함께 공부하자!

엄마도 아이랑 같이 시작하는 것이다. 엄마가 중국어 학습의 모델링이 되어주어야 한다. 엄마가 그냥 곁에서 동영상 틀어주고 방치해 두는 것이 아니라 아이와 엄마도 같이 따라 흥얼흥얼하며 주거니 받거니 대화로 해본다. 그러면 내 아이는 중국어를 습득하는 자세부터 달라진다. 아이랑 공부가 아니라 놀이 중국어가 될 수 있어 재미있다. 그러면 아이도 행복해한다. 공부 잘하는 아이가 되면 얼마나 좋겠는가? 모든 엄마가 바라는 것이 아닌가? 나부터 하면 우리 아이는 자연스럽게 따라오게 돼 있다. 나는 할 수 있다는 자신감을 느끼고 불타는 열정을 갖자. 언어는 무한 반복 듣기와 내뱉기다. 집에서는 큰 소리로 아이와 같이 중국어를 한다. 매일 밤 5분짜리 중국어 유튜브 영상 보고 잠들기도 추천한다.

수면 중 무의식에서도 잠들기 전에 들었던 영상을 다시 반복으로 학습이 되기 때문에 일석이조다. 이번 기회에 우리 아이의 중국어 생활 습관을 원한다면 엄마도 아이랑 같이 신나게 시작해보자.

넷째, 좋은 정보를 알 수 있는 분별력을 키우도록 하라!

정보라 해서 다 좋은 정보는 아니다. 대한민국이 근래 들어 교육률 1위를 탈환할 수 있었다고 한다. 한국은 핀란드에 자랑하는 식으로 1위를 찾았다고 했지만 핀란드 사람들은 이렇게 이야기한다. 교육받는 게 아닌 훈련 받았다고 말한다. 창의력을 키울 수 없는 공간에서 시험을 위한 공부를 하는 것이기 때문이다. 엄마들은 그 정보가 꼭 필요하든 필요하지 않든 엄마들이 모이면 좋다는 정보를 다 수집한다. 또 다른 엄마들이 알고 있는 정보를 본인만 몰랐던 정보면 엄마들은 조급해하기도 한다. 그 정보가 맞지 않을 수도 있음에도 불구하고 말이다. 현명한 엄마라면 정보에 휩쓸리는 게 아니고 내 아이에게 맞는 최고 교육법과 알짜 정보만 찾을 수 있어야 한다.

다섯째, 반복되는 리듬을 이용하라!

지루하지 않게 하는 반복이 답이다. 언어 학습은 반복하는 것이 굉장히 중요하다. 아이마다 차이가 있지만 익숙한 반복을 훨씬 더 잘 견뎌내는 것이 일반적이다. 아이가 좋아하는 책이 있거나 동영상이 있으면 그것들을 반복해서 학습해야 한다. 단지 아이의 관심을 끝까지 유지하면서 같은 콘텐츠에 조금씩 변형을 주어서 다른 방법으로 노출시켜주면 최고로 좋다.

어떻게 반복하는 게 좋을까? 한 번만 읽는 것보다 여러 번 반복하는 것이 훨씬 효과적이다. 그래서 내용이 익숙해서 외워지는 게 더 효과적이다. 외운 내용을 다양한 상황에 적용해 새로운 것들을 한다면 제일 좋다. 결국 언어는 공부가 아니고 '반복'이고 훈련이다.

그러나 우리는 아이들도 공부를 한다. 그러므로 흥미를 끌어내지 못하면 반복할 수가 없다. 아이들은 중국어를 배워야겠다는 의지가 없기 때문에 아이가 좋아하는 놀이를 접목(接木)시켜서 하면 좋다.

어린이들의 언어 학습은 언어 인지 발달 단계에 맞춰 진행하는 것이 좋다. 먼저 표준 발음을 구사하는 원어민의 발음을 꾸준히 듣게 하여 중국어의 리듬감을 익히게 한다. 그리고 정확한 발음으로 말할 수 있도록 유도하면서 중국어 문장이 구성되는 원리를 스스로 깨달을 수 있도록 문형 학습으로 진행한다. 간단한 의사 표현을 할 수 있는 단계가 되면 어휘를 늘려나가면서 표현력을 높이고, 이후 한자 학습을 병행하면서 읽기와 쓰기 단계로 넘어가도록 한다.

중국어는 이제 부수적인 교양 과목이 아니다. 강남 사립 초등학교는 초등학교부터 중국어 과목이 들어 있어 아이 학습 성적에도 포함되기도 한다. 아이들이 사회 활동을 시작하게 될 10~20년 후에는 이미 영어에 버금가는 세계 언어가 될 것이다. 앞으로 중국어를 모르고서는 사회에서 경쟁력 있는 인재로 인정받기 어려울 것이다. 이제 중국어는 선택이 아닌 필수인 시대이다. 단기간의 성과에 만족하기보다는 장기적인 안목을 가지고 체계적인 공부를 시키는 것이 무엇보다 중요하다.

정말 우리 아이가 중국어를 잘하게 하고 싶으면 집중력이 향상돼야 한다. 적극적으로 배우려 하고 집중하고 즐겁게 잘 노느냐에 따라 중국어를 잘하게 되느냐가 결정된다. 잘 노는 아이는 공부도 잘한다. 우리 아이가 즐겁게 중국어를 하려면 아이와 잘 놀아줘야 한다는 것을 명심하자.

우리 아이가 중국어를 잘하려면 이것만은 꼭 지키자! 매일 우리 아이가 중국어에 노출돼야 한다. 일상을 중국어와 놀 수 있게끔 환경을 조성해주어야 한다. 필자는 아이가 중국어를 좀 더 잘하게 해보려고 중국 여행도 같이 갔다. 그렇다고 꼭 중국에 여행가라는 것은 아니다. 우리 아이가 중국 문화 등을 체험하고 배우는 것이 중요하다. 환경을 조성할 여건이 안 될 때에는 대한민국 인천 차이나타운에 가면 다양한 중국 음식도 맛볼 수 있다.

-05-

어떻게 하면 아이를 중국어에 흥미를 가지게 할까?

재미있고 이해하기 쉬운 중국어로 흥미를 2배 끌어올려보자. 어떻게 하면 우리 아이가 중국어에 흥미를 느끼게 할 수 있을까? 가르치는 중국어가 아닌 놀아주는 중국어를 하면 된다. 아이들이 중국어 환경에 자연스럽게 노출될 수 있는 학습 환경을 조성하는 것이 중요하다.

일찌감치 성적을 준비한다고 암기식이나 문법 위주, 자격증 시험 위주의 공부보다는 먼저 아이들이 중국어에 흥미를 갖고 자연스럽게 중국어를 접촉할 수 있는 환경을 만들어주는 것이 중요하다.

우선 아이가 중국어에 흥미를 느끼려면 아이가 스스로 좋아하는 것을 놀이로 선택해서 하게 한다. 아이가 스스로 원해서 하는 놀이가 진짜 놀이이다. 놀이는 놀이의 주체가 아이가 되어야 한다. 아이가 스스로 선택하지 않고 주도성이 없는 놀이는 진짜 놀이라고 말할 수 없다. 여러분은 아이들의 놀이를 어떻게 생각하는가? 그냥 단순히 놀고 있다고 생각하는가? 하지만 아이들의 놀이는 그 안에 다른 개념을 가지고 있다. 아이들은 놀이 속에서 재료를 탐색하고 오감을 자극하며 규칙을 배우고 원리를 이해한다. 그러면서 아이들은 생각을 키워간다. 아이는 수많은 장난감을 보며 신이 나고 관찰하고 탐색한다. 그럼 진짜 놀이를 위해 우리 아이의 방법을 알아보도록 하자.

첫째, 진짜 놀이는 흔한 놀잇감이 제격이다.

놀잇감이 많다고 아이의 놀이가 풍성해질까? 꼭 그렇지는 않다. 오히려 일상에서 아이들이 자주 가지고 노는 놀잇감에서 놀이 효과가 최대치가 나온다. 단순한 장난감일수록 아이들이 생각하고, 적용하고 자신만의 세계를 창조해가는 과정을 도와준다.

20세기 최고의 놀이학자로 꼽히는 브라이언 서튼 스미스 교수는 '숙달된 장난감이야말로 좋은 장난감'이라고 언급했다. 장난감을 가지고 놀 때 익숙한 장난감을 갖고 반복적으로 놀 때 더 창의적으로 발전하게 되는 것이다. 즉, 익숙하고 평소에 흔한 장난감이야말로 '진짜 놀이'를 즐기기 위한 필수품이라고 할 수 있다.

둘째, 야외 놀이 시간을 충분히 갖는다.

전문가들은 '저구조성 재료의 놀잇감'이 좋다는 말을 자주 하곤 한다. 이는 가지고 노는 사람에 따라 변형되고 놀이 방법도 바뀌는 놀이 도구를 말하는데 클레이, 블록, 모래, 나뭇잎 등이 여기에 해당한다. 일반적으로 시중에서 판매하는 놀이 도구의 경우에는 그 용도가 뻔하게 정해져 있지만, 숲속의 돌멩이, 나뭇가지 등은 아이에 따라 각기 다른 방법으로 가지고 놀게 되는데 그야말로 '주도적인 놀이'를 이어갈 수 있는 좋은 장난감이다. 이처럼 자연 놀이는 불확실한 요소를 많이 포함하고 있는 진짜 놀이인데 이런 요소들이 많을수록 아이의 호기심과 창의성은 자극을 받는다. 가변적인 재료의 놀이 도구를 통해 주체적이고 의욕적인 놀이가 가능하다.

셋째, 하브루타를 이용하라! 질문과 답을 통해 대화는 늘어나게 된다.

엄마가 질문을 많이 할수록 아이가 주도권을 잡는 기회는 줄어든다.

아이 스스로 선택한 주제로 주도적인 놀이를 진행할 때 진짜 놀이가 재미있어지며 이때 가장 중요한 것은 놀이의 맥을 끊는 질문을 많이 하는 것보다 아이의 말을 경청하는 자세를 갖는 것이 좋다. 엄마가 다양한 주제로 질문을 하고 아이는 답을 말할 수 있도록 하면 놀이의 주체는 아이가 된다.

엄마가 질문을 던져주고 생각할 시간을 주게 되면 한동안은 고요함이 지속되어서 그 안에서 아이는 신나는 아이디어로 창의적인 사고를 하게 된다.

넷째, 상호 작용을 하는 놀이를 하라!

엄마 혼자 놀고 있는 건 아닌지 돌이켜 생각해보자. 아이들과 놀이를 할 때의 모습을 먼저 돌이켜보자. 아이와 함께 놀이방에 들어서서 아이는 수많은 장난감을 보며 신이 나서 관찰하고 탐색한다. 이것도 만져보고, 저것도 만져보고 그러다가 하나의 장난감에 손길이 가는 순간 엄마는 "그래, 우리 이것 가지고 놀아볼까?"라고 권하지 있지는 않은가? 아이는 그저 장난감을 탐색하는 단계였을 뿐인데 이렇게 아이와 놀이를 하는 과정에서 엄마 혼자 놀이를 이끌어가는 경우가 많다. 진짜 '놀이'를 하고 싶다면 아이 스스로 놀이를 고르도록 하며 아이들끼리 놀고 있을 때는 함부로 껴들지 말아야 한다. 아이들에게 있어서 '함께 놀기'란 부모와의 놀이에서 시작된다. 하지만 이때 엄마는 '참여자'가 되어야 하며 아이한테서 놀이의 주도권을 뺏어선 안 된다는 것은 명심! 아이는 놀이를 통해 세상을 배워나가는데 아이가 놀이의 주도권을 잃는다는 건 자기 삶의 주도권을 잃는 것과 마찬가지다.

다섯째, 자유 놀이를 할 수 있게 유도하라!

자유 놀이를 할 수 있는 시간을 만들어주는 것이 좋다. 어른들은 습관적으로 아이의 시간을 무언가로 채우려는 경향이 있다. 하지만 아이가 진짜 놀이를 시작할 수 있는 시간은 바로 비어 있는 시간, 아무것도 하지 않는 심심한 시간이다. 아이가 심심하다는 이야기를 하면, 대개 부모님은 "우리 ○○하고 놀까?" 하고 아이에게 놀이를 제안하는 입장이 되는데 계획된 놀이 스케줄을 지울 때 진짜 놀이가 생각난다.

아이에게 무언가를 해주려 하기보다는 아이가 먼저 놀잇거리를 찾도록 해줘라. 그리고 "심심해? 그럼 무얼 하면 재미있을까? 우리 신나는 거 세 개만 생각해보자." 하고 제안해주고 아이가 생각해낸 것을 바로 놀이로 옮긴 다음 아이가 놀이를 이끌어 갈 수 있도록 하며 엄마는 즐겁게 호응만 해주면 된다. 놀이의 주도권은 언제나 아이에게 있어야 한다.

여섯째, 의도가 담긴 놀이는 그만!

아이들의 인지 발달을 위한다는 이유만으로 숙제하듯 노는 것은 진짜 놀이가 아니다. 놀이가 놀이인 만큼 놀이는 자발적으로 상호 작용이 반드시 이루어져야 한다. 아이의 뇌는 자발적으로 즐거운 것을 찾을 때 더 잘 받아들이고 오래 기억한다. 놀이 시간은 아이에게 무언가를 알려주는 학습 시간이 아니다! 아이의 놀이를 그 자체로 인정해주며 엄마가 원하는 것이 아닌 아이가 원하는 놀이가 진짜 좋은 놀이이다.

일곱째, 창조적인 공간을 만들어주자

텅 빈 공간과 시간이 확보될 때 비로소 진짜 놀이가 시작된다. 물리적으로도 비어 있는 듯한 '창조적인 공간'에서 진짜 놀이가 시작된다. 창조적인 공간이란 아이가 스스로 생각하고 의지를 마음껏 펼치는 공간으로 마음껏 놀고 낙서하는 그런 공간이다. 충분한 종이와 천 조각, 그리고 크레파스 등이 담긴 아트박스를 마련해주는 것도 좋으며 장난감 대신 아이 스스로 무언가 만들어낼 수 있는 창의적인 공간이 좋다. 5세에서 6세 정도 되면 유아들의 언어 표현은 매우 다양해지고 거의 성인과 비슷한 수준에 이른다.

이러한 유아기의 놀라운 언어 습득 과정의 신비를 풀기 위해 인간 발달, 철학, 언어학, 사회학, 심리학, 인류학 등 여러 학문 분야에서 연구자들이 노력해왔다. 유아의 언어 발달 과정을 설명하는 주요 이론들은 환경과 유전의 영향 중 어느 쪽에 비중을 두고 이해하느냐에 따라 달라진다. 언어 발달이 타고난 것이냐 아니면 학습에 의한 것이냐에 관한 논쟁은 고대 그리스 시대로 거슬러 올라간다. 고대 그리스의 스토아 철학자와 회의론적 철학자들은 언어가 생물학적 성숙에 의해 본능적으로 출현하는 것이라고 믿었다. 반면, 아리스토텔레스학파의 철학자들은 언어는 학습되는 것으로 보았다.

이러한 영향은 현대 세 가지 이론으로 귀결되는 모습이다. 즉 환경의 영향에 의해 언어 발달이 이루어진다고 보는 행동주의 이론과 생물이 나타내는 생명 현상의 하나로 선천적인 언어 능력에 의한 것이라고 보는 생득주의 이론, 환경과 선천적인 언어 능력의 상호 작용에 의한 것이라고 보는 구성주의 이론이 그것이다.

-06-

중국어는 하루 빨리 시작하는 게 좋다

중국어 교육을 시작하는 시기는 언제가 좋을까? 모국어 습득이 완료된 상태가 좋을까? 사실 중국어는 언제부터 꼭 시작해야 한다고 정해진 것은 아니다. 외국어는 가능하다면 어릴 적부터 하는 것이 제일 바람직하다.

그렇다고 해서 옹알이하는 아이한테 중국어를 가르치라는 것은 절대 아니다. 첫 시작은 말을 배우기 전에 음악을 듣듯이 자연스럽게 노출해 들려주는 것이 좋고 듣는 것이 우선이 되어야 한다. 언어는 말하기보다 듣고 이해하는 것이 먼저 실현되기 때문이다.

요즘은 유치원이나 어린이집에서도 중국어를 배운다. 아이가 중국어 단어를 물어볼 때가 중국어 교육을 시작하기에 가장 좋다. 중국어 교육은 어린이가 중국어에 흥미를 보이기 시작할 때 하는 것이 가장 좋다. 언어에 흥미를 느낄 때 언어는 빨리 시작할수록 배우기도 쉽다. 어릴 때부터 외국어를 자주 접해 단일어만 쓰는 사람들보다 언어 감각이 훨씬 뛰어나며 발음도 비교적 원어에 가까운 발음을 습득할 수 있다.

저자의 아들 경험으로 볼 때, 어려서 외국어에 접한 경험이 있느냐 없느냐에 따라 성장 후 언어 습득 능력도 많은 차이가 난다고 생각한다. 외국어 조기 교육의 중요성이 바로 여기에 있다.

우리 아이의 특징을 잘 알면 중국어 교육은 훨씬 쉽다. 아들이 돌이 지날 무렵부터 낮잠 잘 때도 중국어 동요를 오디오를 틀어놓고 계속 듣겠끔 했다. 지금은 그 동요가 나오면 흥얼거리면서 곧잘 따라 부른다. 무의식적으로 듣고 배운 것이 그대로 노출이 된다. 중국어는 생각보다 어렵지 않은 것 같다. 오히려 한국어와 비슷한 부분이 많아서 아이들이 쉽게 따라 하면서 배울 수 있다. 많은 엄마가 중국어는 시간이 남을 때 배우는 과목이라고 생각하는데 사실 그렇지 않다.

중국어는 영어나 수학만큼 중요한 과목이다. 이제 시대가 변했다. 시대에 맞춰 움직여야 한다. 어렸을 때부터 발 빠른 준비로 우리 아이의 미래를 10년 앞당겨가자.

아이들은 언어에 대한 사고의 틀이 아직 굳어지지 않은 시기이다. 따라서 사물을 보면 말로 인지하는 것보다 이미지를 먼저 인식하게 된다. 그 때문에 사물의 이미지를 바로 외국어와 연결하는 것이 가능하다. 하지만 성인의 경우 '딸기'를 봤을 때, 우리말의 '딸기'라는 단어를 먼저 떠올리고, 두뇌 속에 기억된 중국의 단어 '草莓(딸기)'를 기억해내는 과정을 거쳐야 하지만, 어린이들은 딸기의 이미지를 중국어의 리듬과 느낌에 곧바로 연관지을 수 있는 것이다.

그러나 엄마들은 먼저 문법을 가르치기를 원하지만 중국어를 배우는 과정 중에 문법은 우선시할 필요가 없다. 우리가 태어나 언어를 배울 때에도 문법 먼저 배우지는 않았다. "어어어 엄마"라고 하면서 하나씩 따라하게 되고 단어 하나하나 배워가며 연결하다보면 자연스럽게 "엄마, 맘마."라고 하며 배우게 된다. 문법을 배우려고 급하게 신경 쓸 필요는 없다. 익숙해지게 되면 말이 저절로 나오게 되기 때문이다.

중국어를 시작하는 시기를 두고 공방전이 있다. 어떤 엄마들은 제2의 언어를 3세 혹은 5세부터 시작해야 한다, 또 심지어 0세부터 시작해야 한다는 엄마들도 있는 반면 초등학교 들어가서 시작해도 늦지 않고 충분하다는 엄마들도 있다. 시작 시기와 방법에 대해 엄마들 간에 갈등이 시작되기도 한다. 그런데 너무 걱정할 필요는 없다. 책 안에 답이 있다. 아이가 중국어에 흥미가 있다면 하루빨리 시작하는 게 아이를 위해서 제일 행복한 선택이라고 이야기하고 싶다.

중국어 조기 교육도 답이다. 중국어를 '지식'이 아닌 '언어' 그 자체로 받아들일 수 있다는 것이다. 그것이 조기 중국어 교육이 효과적인 이유이다. 또한 중국어는 발음과 성조가 중요한 언어다. 한국어는 혀의 움직임과 입의 벌어짐이 중국어나 영어보다 아주 적다. 이 때문에 한국어에 적게 노출될수록 혀의 움직임에 있어 중국어를 배우는 데 유리하다고 할 수 있다. 실제 성인 가운데에서도 30대와 50대를 동시에 가르쳤을 때 발음을 익히는 속도나 발음하는 능력은 30대가 훨씬 우월하다. 이게 바로 우리 아이들이 중국어를 하루빨리 시작해야 하는 이유가 아닌가 싶다.

첫째, 유아동기에는 새로운 것에 대한 호기심이 강하고 언어 습득 능력이 높기 때문이다. 아이들은 사춘기가 지나면 이 언어 습득 능력이 점차 떨어진다.

둘째, 어릴 때 중국어를 배우면 정확한 발음 구사에 훨씬 도움이 된다. 성인이 되면 모국어에 너무 익숙해져 있기 때문에 언어의 기본이 되는 발음을 완벽하게 구사하는 게 쉽지 않다.

셋째, 유아동기에 시간적인 여유가 많기 때문이다. 중고등 학생만 되어도 공부해야 할 과목들이 많고 시간적 여유가 없어진다.

가끔 아이의 중국어 공부를 일찍 시작하고 싶어 하는 엄마들을 만나게 된다. 그들은 하루라도 어릴 적에 중국어를 시작해야 발음도 좋고 원어민처럼 중국어를 할 수 있다고 믿는다. 여기서 중요한 것은 엄마가 먼저 준비되어 있고 우리 아이는 그럴 준비가 되어 있는지 안 되었는지에 따라 좌지우지된다. 어떤 방법이든 실패하는 사람이 있고 성공하는 사람이 있다. 이 성패를 가르는 것은 바로 의지다. 아이가 지금 준비되었는지 이 방법을 좋아하는지 유심히 살펴보는 것이 제일 중요하다.

그런데 생각보다 많은 부모님은 시작하려는 아이를 기다려주지 않는다. 특히 유아기에는 새로운 정보나 지식을 습득하는 능력이 뛰어나다. 모든 것을 몸으로 익히기 때문에 즐거운 놀이를 통한 학습은 중국어 발달에 도움을 준다. 노래나 스토리텔링은 언어 습득의 효율을 높여준다. 유년기의 뇌는 스펀지와 같다. 유아기 학습의 장점은 시간과 장소에 구애 받지 않고 차로 이동할 때는 차 안에서 엄마와 읽었던 책 내용을 CD를 틀어주어 들려준다면 아이가 엄마랑 같이 책 읽었던 내용을 다시 듣고 따라 하는 모습을 볼 수 있을 것이다. 이러한 자투리 시간을 이용하는 것은 몰입을 높일 수 있는 장점이 있다.

일상생활에서도 반복적인 언어 학습은 언어를 향상해주는 데 큰 영향을 끼친다. 자주 사용하는 문장을 확장하는 연습을 반복해나가면 언어를 더 자연스럽고 다양하게 흡수할 수 있다. 언어를 잘하려면 우뇌를 활용해야 하며 우뇌가 잘 발달돼야 한다. 유아기일수록 언어를 받아들이는 속도가 빠르기 때문에 우뇌를 잘 활용한다. 유아기에 언어 노출을 빨리 시켜 줄수록 이중 언어의 습득이 더 잘 될 수 있다.

아이들에게 이중 언어를 생활 속에서 자연스럽게 익힐 수 있도록 모국어와 함께 사용해준다. 최대한 놀이를 통해서 즐겁게 학습할 수 있게 한다. 이처럼 유아기에 엄마와 함께 놀이하듯 자연스럽게 주고받는 언어는 정말 중요하다. 엄마와 아이가 교감한 순간이 커지면 아이의 말문이 터지는 임계점에 빨리 도달할 수 있다. 유아 관련 멀티미디어를 아이에게 보여 줄 때 아이가 보는 영상, 콘텐츠를 통해 언어를 배울 것으로 생각한다. 그런데 아이가 영상을 보고 듣고 느끼기만 해도 언어를 밖으로 내뱉기가 쉽지 않다. 언어와 정보를 이미지를 반복해서 받아들이면서 충분히 그에 대해 지식을 쌓아야 한다. 이는 부모와의 상호 작용을 통해 가능하기 때문에 유아기의 학습은 무엇보다 부모와 함께 하는 것이 중요하다. 아이가 영상을 접할 때도 자리를 비우지 말고 함께 참여해 적극적인 반응을 유도하는 것이 필요하다. 엄마는 아이의 뇌를 꾸준한 자극과 정보로 채워주어야 한다. 다양한 놀이로 경험을 접하게 하고 다양한 경험과 체험을 통해 생각하는 힘을 키워주면 아이는 즐겁다는 생각을 더욱 빠르게 인풋에서 아웃풋으로 연결한다.

유아기 뇌는 주위의 모든 환경을 감지하고 기록하는 능력이 갖춰져 있다. 엄마의 목소리를 듣고 모든 감각을 자극을 통해 배우고 학습하기 때문이다. 특히 엄마가 아이에게 해주는 오감 자극 놀이는 뇌에 많은 정보를 제공해준다. 그리고 유년기의 뇌는 스펀지이다.

아이가 어릴 때 경주마처럼 공부만 시키는 방법보다 여행 등 많은 경험을 통해 아이가 다양한 문화를 접하고 외국인과 대화하는 것에 겁먹지 않도록 말을 많이 해볼 기회를 만들어주길 바란다.

-07-

엄마는 최고의 중국어 파트너이다

우리 아이에게 있어 엄마는 최초의 선생님이며 중국어 파트너다. 아이들이 무엇인가를 마음에 새기도록 가르치기 위해서는 먼저 부모 자신이 배우기를 멈추어서는 안 된다. 즉 매일매일 배우는 일에 열정을 쏟아붓는 모습을 보여줌으로써 엄마가 아이들에게 모범적인 교사가 될 수 있는 것이다. 엄마들이 집에서도 우리 아이와 중국어 공부하면서 중국어는 재미있는 언어라는 생각을 아이에게 심어주는 것은 바람직하다. 엄마의 이런 역할이 우리 아이가 성장과 중국어 공부하는 데 엄청나게 도움이 된다. 엄마의 실천력은 아이의 행동력이 된다. 자녀가 태어나고 성장하는 과정에 다양한 교육을 통하여 성인이 되었을 때 행복하게 살아갈 수 있도록 하는 것이 당연하다. 그래서 유치원부터 대학에 이르기까지 성인으로서 행복하게 살아갈 수 있도록 중국어 교육, 영어 교육도 한다.

유대인 엄마는 우리 아이가 남과 똑같기를 바라지 않는다. 아이가 남과 다른 능력을 갖기를 원한다. 『유대인 엄마의 영재교육법』 책에 보면 유명한 아인슈타인, 스티븐 스필버그 등도 과잉 보호라 할 정도로 어머니의 열성적인 교육으로 성장했다고 나와 있다. 유대인 속담에 "물고기를 한 마리만 주면 하루밖에 살지 못하지만, 물고기 잡는 법을 가르쳐 준다면 한평생을 살아갈 수 있다."라는 말이 있다. 여기에 나오는 물고기는 지식이고, 잡는 법은 지혜라고 할 수 있다.

인간은 태아 때부터 엄마의 자궁 속에서 열 달을 지내면서 엄마의 몸에서 공급되는 에너지원을 받으며 성장했다. 우리는 엄마 배 속에 있을 때는 분리되지 않은 하나였다. "응애!" 하는 아이의 첫소리가 태중에 우는 것이 아닐까! 태중에서 나와 세상의 빛을 보는 순간 엄마와 자신과의 처음 헤어짐의 시작이다. 그러나 세상에 나와 빛을 보고 또 다른 환경에서 적응하는 삶과 언어를 배우게 된다. 엄마와 분리되는 불안함에 우는 것은 아닐까?

엄마와 자녀였던 여러분이 성장해서 엄마가 되었다. 그러면 여러분은 과거에 엄마의 자녀로 살 때와 지금 자녀의 엄마로 살 때를 비교해보면서 입장을 바꿔서 다시 생각해보기 바란다. 그때는 자녀 입장이었으면서 이제는 엄마의 입장만 생각하는 것이 아닌가? 그런데 엄마가 되어보니 자녀를 잘 키우고 싶고 교육에도 더 관심이 생기는 것이 당연한 것이다.

교육도 여러분이 생각하는 대로만 한다면, 자녀가 잘되라는 마음을 갖고 했겠지만, 결국 자녀가 엄마의 강요하에 하는 것밖에 안 되는 건 아닌지 생각해볼 필요가 있다. "여러분은 아이의 어떤 엄마인가요? 정말 좋은 파트너가 돼서 우리 아이의 든든한 지원군이 된 건가요?" 아니면 매일 잔소리와 공부를 강요하고, 교육도 여러분이 생각하는 대로 하게 된다면, 자녀가 잘되라는 마음으로 했겠지만 결국은 자녀에게 여러분처럼 엄마가 되라고 강요하지는 않았는지 생각할 필요가 있다. 자녀와 입장을 바꾸어서 여러분 자신의 어린 시절 자녀의 관점에서 깊게 생각해봤으면 좋겠다. 대부분 엄마는 자신의 자녀에 대해 가장 많이 알고 있다고 확신을 하며 말을 한다. 이것은 엄마만의 착각이다. 자녀의 말과 행동에 대해 엄마가 보고 듣고 성장하는 과정을 지켜보았기 때문이다. 부모가 아는 아이의 모습은 일부분에 불과하다. 그래서 자녀의 말과 행동이 왜 다른지 생각을 해본 적은 없을 것이다.

왜 이런 말과 행동을 하지?

왜 엄마가 하라는 대로 안 하고 힘들게 하지?

왜 하지 말라고 하는 행동을 반복하지?

왜 게임이나 TV에 빠져 있지?

이외에도 다양한 우리 아이의 말과 행동에 대하여 이해되지 않는 경우도 있고 자녀의 마음을 몰라서 가슴앓이하는 엄마들이 분명히 있을 것이다. 저자도 자녀와 1년 동안 떨어져 지내면서 아이가 성장 과정에서 받아야 할 사랑을 듬뿍 주지 못해 통곡하며 운 적이 있었다. 아이를 다시 양육했을 때 너무 게임에 빠진 아들을 발견하게 됐다. 달래도 보고 따끔하게 혼도 내보고 했었던 기억이 난다. 모든 것이 자녀 탓인 마냥 아이를 다그치는 나 자신이 부끄럽기 그지없었다. 아이는 관심과 사랑을 안 주면 또 다른 자기 취미에 빠지게 된다. 거기서 행복과 쾌감을 찾는 것이다. 그것을 깨닫고 아이랑 같이 놀아주고 게임도 같이하면서 많은 대화를 하면서 우리 아이에게 조금씩 눈을 뜨게 됐다. 아이 키우면서 내 맘과 같이 안 될 때가 한두 번이 아니다. 그럴수록 우리 아이의 마음을 바라보고 우리 아이에 집중하다보면 우리 아이가 왜 그런지 알 수 있다.

부모는 처음부터 우리 아이의 중국어 길잡이 역할도 해줄 수 있고 아이와 같이 중국어와 친해지며 즐길 수 있는 중국어 환경을 만들어줄 수도 있다. 엄마가 동요나 찬트를 틀어주고 놀아주듯이 아이와 같이 불러주고 다양한 게임과 책을 통해서 중국어와 친화력을 높여주는 것이 좋다. 이렇게 아이와 중국어가 친해질 시간을 조금씩 더 늘려주면서 놀아주면 된다. 우리 아이는 하교하면 매일 같이 놀이 중국어를 한다. 놀이를 하면서 새로운 단어를 하나씩 던져준다. 그러면 아이가 궁금해서 무슨 뜻이냐고 묻기도 한다. 아이가 궁금하고 관심 있다는 것이다. 그러면 더 많은 단어를 노출시킨다. 그럼 단어를 한 문장으로 만들어 말한다. 그러면 단어를 바꾸어가면서 문장을 곧잘 만든다. 이럴 때 정말 뿌듯하다. 일상 대화도 중국어로 말할 수 있도록 해야 한다. 예를 들어 "밥 먹었니?", "밥 먹자.", "맛있다.", "오늘 뭐 할까?", "오늘 기분 어때?", "오늘 날씨는 좋아."라는 질문을 하면서 생활 속에서 중국어를 많이 말하면서 아이에게 중국어는 익숙한 언어가 된다. 집에서나 밖에 나가서도 장소 불문하고 중국어를 일상생활에 포함하면 더욱 효과적으로 학습을 할 수 있다.

저자는 아이와 있는 시간만큼은 정말 공을 들여 같이 재미있게 망가지기도 하고 몸으로 최선을 다해 놀아주기도 한다. 지금은 아이와 있는 시간에는 정말 공을 들여 같이 놀아주고 있다. 게임은 시간 규칙을 정해서 하게끔 하고 놀 때는 확실하게 놀아주니 서로 신뢰가 생겼다. 요 녀석이 가끔 애교 부릴 때마다 우리 속담에 '정성이 지긋하면 돌 위에 풀이 난다.'란 말이 생각난다. 정성이 지극하면 이룰 수 없는 일도 이루어지는 수가 있다는 뜻이다. 모든 게 쉽게 되는 것은 없다. 다만 시간 투자든, 돈이든, 마음이든 내야 한다.

엄마가 우리 아이의 최고의 중국어 파트너인 이유는 다음과 같다.

첫째, 업그레이드 뇌 태교. 편하게 들을 수 있는 중국어 동요, 동화 등을 틀어놓고 부담 없이 들을 수 있다. 이 시기는 뇌 태교 준비기로 엄마가 영양 섭취에 특별히 유의해야 하는 시기이다. 매일 맛있는 음식을 꼭꼭 씹어 먹듯이 12주 동안 재미난 동요, 동화를 태아에게 들려주면 좋다.

둘째, 엄마야말로 우리 아이랑 다양한 놀이를 하고 재미있게 중국어를 습득할 수 있게 도와주며 중국어의 바다속에 빠져 즐겁게 자유자재로 헤엄칠 수 있게 한다.

셋째, 엄마가 아이랑 같이하는 시간이 많고 아이랑 언제든지 원할 때 중국어로 대화할 수 있는 대상이 되어줄 수가 있다. 요즘은 유튜브 동영상은 언제 어디서나 중국어 교육을 위해 활용할 수 있는 최고의 인기 교재이기도 하다.

우리 아이를 위해서라면 중국어 전문가가 아니더라도 즐겁게 아이들에게 동요 틀어주고 열정적으로 놀아주는 사람은 엄마만이 가능하다는 것을 명심하자. 엄마는 아이의 중국어 최고 파트너이며 엄마 또한 아이와 같이 중국어를 시작하면 엄청난 시너지 효과가 일어날 것이다. 우리 아이가 엄마랑 같이 있는 시간이 아마도 제일 오래될 것이다. 먹고 자고 입고 대부분 엄마가 해주기 때문이다. 세상에 누구도 엄마를 대신할 수 있는 중국어 파트너는 없다.

2장

우리 아이에게 중국어를 어떻게 가르쳐야 할까?

- 01 -

중국어 책 읽기는 중국어 학습의 시작이자 끝이다

중국어 책 읽기는 정말 중국어 학습에 중요한 자리를 차지한다. 책 읽기는 중국어 학습의 시작이자 끝이라 해도 과언이 아니다. 책을 읽으면서 스토리를 알고 많은 부모님께서는 우리 아이가 책과 가까운 친구가 되길 간절히 바라고 계실 것이다. 책 친구와 몸으로 놀 수 있도록 도와준다. 읽기 전에 먼저 책과 친해지는 단계가 있다.

책과 친해지는 간단한 방법이다. 책장에 있는 책을 모두 꺼내서 마음껏 바닥에 펼쳐 놓는다. 책을 펼쳐놓은 자체가 아이에게는 자유인 것이다. 책 한 권, 두 권 높이 탑처럼 쌓기도 하고 여기서 하나, 둘, 셋(이, 얼, 싼)을 중국어로 세면서 하면 수에 대한 개념도 알 수 있고 조금 더 수에 대한 호기심이 생기면 이 방법을 숫자를 알려줄 수 있는 놀이로 활용하면 된다. 책으로 다양한 집 만들기, 다양한 모양으로 놀기도 한다. 책에 대한 거부감이 없다.

아이는 장난감들을 들고 놀던 때처럼 편하게 책을 대할 것이다. 처음에는 책을 쓰러트리기도 하겠지만 익숙해지면 책에 호기심이 생기는 것이다. 여러 가지 색깔과 그림도 그려져 있고 글자도 적혀 있다. 물론 어른들 눈에는 그냥 책으로 보이겠지만 처음 접하는 아이들에게는 너무나 신기한 물건일 수 있다. 책 놀이라 해서 책 속에 내용을 갖고 노는 것을 생각하지 말자. 책을 재미있게 자유자재로 다룰 줄 알면 여러 방면으로 책을 활용하는 것은 아이에게는 창의력을 자극할 수 있는 좋은 방법이다. 그러면 책은 우리 아이에게 지식을 재미있게 전달하는 소중한 친구가 되어줄 것이다.

아이가 어릴 때 무릎 위에 앉혀서 책을 읽어주기도 하지만 엄마가 정말 꾸준히 책 읽어주기가 쉽지는 않다. 그래서 책을 읽어주지 못할 때는 오디오를 들려주곤 했다. 오디오를 들으면서 아기가 달콤한 꿈나라로 가기도 한다. 어느 날 아침에 일어나면 아들이 꿈을 꾸었다면서 재잘재잘 이야기한다. 아이에게 규칙적으로 책을 읽어주었다면 책 읽기는 즐거운 것이며 아이의 어휘는 급속도로 늘어나 있을 것이다.

그러므로 아이 때부터 책 읽기가 아이의 반복된 일상이 되어야 한다. 아이랑 같이 좀 멀리 차로 이동할 때도 아이에게 책을 보여주고 장난감 사이에도 책을 몇 권 넣어두면 아이는 책에 대한 거부 반응이 없을 것이다. 아이가 잠자리 들기 전에도 책을 읽는 시간을 가지면 아이도 쉽게 잠을 잘 수 있게 된다.

규칙적으로 도서관이나 서점에 가는 것이 즐거운 일이 되게 하라. 아이를 데리고 서점에 가면 아이가 좋아하는 책 코너에 가서 아이가 좋아하는 책을 몇 권 뽑아서 가지고 놀게 한다. 아이가 좀 지루하다고 느낄 때는 맛난 간식이나 아이가 좋아하는 아이스크림을 사준다. 다 먹고 나면 아이는 엄마 손을 잡고 서점을 구경하자고 한다. 서점을 구경하고 문구 파는 데 가서 아이가 좋아하는 한 종류의 책 한 권만 사서 집으로 온다. 이것이 반복되니 아이는 두 번째 토요일은 도서관, 네 번째 토요일은 서점 가는 것을 당연하게 생각하고 그날만 되면 빨리 가자고 조른다.

지금도 책을 좋아하여 좋아하는 책을 필사한다. 필사는 책이나 문서 따위를 베껴 쓰는 것을 말한다. 필사를 하면 좋은 점은 어휘력이 많이 늘어난다는 것이다. 글쓰기에도 도움이 많이 된다.

책 읽기 하면 핀란드를 빼놓을 수 없다. 핀란드는 국민의 67.8%가 도서관을 이용한다. 동네마다 도서관이 있어서 아이부터 노인까지 동네 사랑방처럼 이용한다. 그리고 큰 쇼핑몰 안에도 도서관이 있어서 쇼핑을 하러 갔다가 가족끼리 이용하기도 한다. 핀란드 아이들은 도서관을 놀이터처럼 즐겁게 책과 가까이하는 데 습관이 되어 있다. 읽기 교육을 강조하는 교육 정책과 공공 도서관이 활성화되어 있어서 그런지 핀란드 아이들은 독해력이 세계 1위라고 한다.

어릴 때부터 습관을 들이는 방법을 몇 가지 보자.

1. 엄마가 먼저 책 읽는 모습을 보여준다.
2. 아이와 함께 책을 읽는다.

3. 아이가 쉽게 접할 수 있는 곳에 책을 놓아둔다.

4. 아이와 함께 서점이나 도서관에 간다.

5. 일정한 시간 동안 책을 읽도록 한다.

6. 아이가 좋아하는 책을 사주어라.

내가 가르치는 어린이 중 하은이 엄마는 하은이를 무릎에 앉혀 놓고 중국어 책을 많이 읽어준다. 하은이는 엄마가 책을 읽어주는 내용을 듣는 시간이 엄마의 사랑을 느끼는 순간이라 그런지 자신도 모르게 계속 책을 읽어 달라고 한다. 나중에는 아이가 혼자서 직접 읽게 됐다고 기뻐한다. 우리 아들의 경우는 공룡을 무척 좋아한다. 공룡을 주제로 다양한 놀이와 연결해서 중국어 학습을 진행하게 됐다. 아이에게 공룡과 관련된 책을 보여주고 상상의 날개를 펼칠 수 있게 유도하며 분위기를 만들어주었다. 아이는 집중해서 어느새 책을 읽어주는 목소리에 귀를 기울이고 있었다. 공룡에 관한 책을 읽으며 아이가 좋아하는 페이지를 공룡 나라로 초대하는 수업을 해보았다. 아이의 눈빛부터 달라졌다. 아이가 물어보지도 않았는데 먼저 공룡에 관해 설명을 해준다.

책을 읽고 나서 끝난 게 아니라 책을 읽은 후 내용을 그림으로 표현했을 때 '만약에'라는 가정을 사용해서 아이들의 창의적인 생각을 반영하면 결말이 달라지게 할 수 있다. '만약에'라는 가정으로 결말을 새롭게 만들어보는 것이다. 이 또한 새로운 재미가 되고, 그림을 그려보고 달라진 결말을 쓰게 되면서 어휘력과 문장력은 향상된다. 그렇다면 그림을 왜 아이가 직접 그려야 할까? 그것은 바로 그림을 그리는 과정에서 아이가 끊임없이 사고하고 단어가 상징하는 의미를 생각해보기 때문이다. 그림이 완성된 후의 학습 효과는 책에 있는 어휘를 외우는 것보다 기억이 오래도록 남게 해준다. 자신이 그린 것에 대해 더 애착을 느끼게 된다. 스케치북은 아이들의 '보물 1호'가 되는 동시에 자신만의 책으로 완성할 수 있는 성과물이 된다.

책 내용을 이미지화시켜 중국어 단어로 문장을 만들어보는 놀이 학습을 스케치북으로 하면 시간이 지나며 흥미로운 변화가 일어난다. 아이가 중국어에 대한 자신감도 커져 자기가 좋아하는 책을 미리 보고 스토리를 스스로 전개해보는 주체성 있는 아이가 된다. 읽고 싶은 책을 스스로 찾아보는 것이 즐거운 학습의 제일 기초적인 모습이다.

완성된 책 내용을 토씨 하나 틀리지 않고 달달 외우는 것보다 자신만의 스토리를 만들어 스토리텔링 식으로 중국어의 재미를 알아가는 것이 자기 주도 학습의 시작이기도 하다. 언어는 단순한 암기 과목이 아니며 수학처럼 공식으로 하는 것도 아니다. 배우는 즐거움과 말하는 즐거움으로 아이를 자연스럽게 성장시켜야 한다. 처음 시작부터 너무 욕심을 내지 말자. 하나를 알게 하더라도 제대로 즐거운 활동으로 학습하는 것이 훨씬 효과적인 것을 잊지 말자. 아이에게 고기를 잡아주지 말고 고기 잡을 수 있는 방법을 알려주는 것이 놀이 중국어 핵심이다.

중국어 책 읽기뿐만 아니라 책 읽기의 힘은 체계적으로 사고하는 두뇌의 힘을 길러준다. 책을 읽다 보면 누구의 도움을 받지 않아도 자기 스스로 생각하면서 의미를 파악할 수 있으며 이 과정은 매우 수준 높은 두뇌의 활동이다. 책 읽기는 두뇌 엔진을 강하게 하고 문제 해결력을 발휘하게 한다. 전 세계의 수많은 사람이 빌 게이츠에게 성공 비결을 물어보았다. 의외로 그의 대답은 평범했다.

"오늘의 나를 만든 것은 조국도 아니고 어머니도 아니다. 내가 살던 작은 마을의 도서관이었다."

– 빌 게이츠

책 읽기가 한 사람의 미래를 현실로 보여주는 예라고 해도 과언이 아니다. 책이 인생의 수많은 갈래 길에서 후회 없이 자녀들의 길을 찾아가는 데 큰 원동력이 될 수 있다.

- 02 -

내 아이에게 맞는 유형별 코칭을 찾아라

내 아이에게 맞는 행동 유형을 파악하라. 내 아이에게 맞는 유형별 코칭을 찾아낼 수 있다. 내 아이에게 통한다고 해서 모든 아이에게 통하는 방법은 아니다. 외국어에 관심이 좀 있는 엄마라면 이 책을 읽고 있는 엄마들은 아주 꽤 열정적으로 교육하는 엄마일 것이 분명하다. 다른 사람이 하는 것을 보면서 우리 아이의 큰 틀을 잡아주는 것을 참고하는 것은 좋다. 하지만 자세한 부분은 내 아이에게 적용해서 보면 아닐 때가 있다.

아이마다 취향도 다르다. 내성적인 아이가 있는 반면 외향적인 아이들도 있다. 아이에 유형에 맞게 코칭법을 찾아야 엄마도 아이도 스트레스 받지 않고 교육에 흥미를 느낄 수 있다. 예를 들어 아무리 맛있는 음식이라도 우리 아이한테도 그 음식이 맛있는 음식이 될 수는 없다. 우리 아이가 평상시에 돼지고기를 싫어한다든지 아니면 집안 자체가 돼지고기를 싫어할 수도 있다. 남의 기준을 내 기준으로 적용할 수 없는 것과 같다.

모든 답은 밖에서 찾으려고 하지 말고 내 아이에게서 찾아보자. 끊임없는 시행착오를 통해서 내 아이에게 맞는 코칭법을 찾아야 한다. 모든 아이에게 통하는 방법은 없다. 모든 아이가 받아들일 수 있는 능력은 천차만별이다. 그럼에도 불구하고 답을 찾으려 하는 이유는 내가 아이와 꾸준히 무엇인가를 해본 경험이 없었기 때문이다. 우리 아이가 좋아하는 책을 단 한 권만이라도 몇 번 반복적으로 읽어야 우리 아이가 단어를 기억하는지 우리 아이의 기준을 알 수 있을 것이다. 그리고 우리 아이가 좋아하는 동요도 아이와 함께 재미있게 반복하여 불러본 적이 있더라면 우리 아이가 동요를 마스터하는 데 시간이 얼마 걸리는지 자연스럽게 알 수 있을 것이다.

자식은 부모가 '말한 대로' 행동하는 것이 아니라 부모가 '행하는 대로'

행동한다. 내가 먼저 아이들의 감정을 존중하고 공감해주면 아이도 차츰 배려심을 갖고 공감할 줄 알게 된다. 엄마가 재미있고 스트레스 없는 방식으로 아이의 중국어를 도와줄 수 있는 것을 아이가 가장 재미있어 한다. 즉 아이와 함께 하는 시간이 많고 내 아이에게 가장 관심 가지는 사람이 엄마이기에 아이가 좋아하는 방식을 이해하고 그 방식을 중국어에 접목시켜서 하면 된다. 책을 좋아하는 아이는 책으로 중국어를 노출해주면 되고 게임을 좋아하는 아이라면 게임을 통해서 노출시켜주고 외국어를 배우는 아이들에게는 한마디라도 더 말을 걸어주기 위해 노력하는 그런 희생과 사랑, 관심이 엄마에게는 내재되어 있기 때문이다.

그러나 엄마가 아이를 관찰하지도 않고 우리 아이의 유형별 코칭 방법을 잘 모르고 혼자 방식대로 아이를 휘두르면 안된다. 엄마표 교육에 엄마의 시간을 투자하는 이유는 더 바람직하고 좋은 결과를 끌어낼 수 있기 때문만이 아니다. 세상에 온 아이를 즐겁고 행복하게 해주기 위해서이다. 나는 이 말을 항상 마음속에 기억하고 있다. 그래서 하나라도 더 가르치려 하기보다는 아이가 올바른 생각을 하고 자신의 꿈을 가꾸며 행복하게 자라도록 하는 데 힘을 다했다. 아이가 스스로 호기심이 일도록 책을 보게 하는 데 노력을 아끼지 않았고, 가족이 함께 여행을 다니면서 다양한 세상과 접촉할 수 있게 해주었다. 또한 아이가 좋아하고 즐기는 일이 무엇인지 파악하고 그 일에 더욱 심취할 수 있는 환경을 만들어주었다.

MBTI 성격유형 검사에서 보면 아이들의 성격이나 행동 유형을 토대로 분석한 유형은 다음과 같다.

도전자 형 : 친구들과 경쟁하며 공부하는 유형이다.

도전자 형 아이는 특정 그룹에 속하여 선의의 경쟁을 펼칠 수 있는 환경에 놓였을 때 최대 학습 효율을 발휘한다. 따라서 스터디 그룹, 조별 활동을 통해 학습하는 것이 좋다. 타인으로부터 찾은 동기로 쉽게 지치지 않도록 하는 것도 중요하다. 스스로 학습하는 즐거움을 찾고 그 후 경쟁을 통한 학습의 즐거움을 느낄 수 있도록 도와준다. 건강한 경쟁은 언제나 도움이 된다. 아이의 목표가 무엇인지 진지하게 고민해보고 이루기 위한 전략을 세워보는 것이 좋다.

모험가 형 : 다채로운 학습 방식을 선호하는 유형이다.

모험가 형 아이의 경우 다양한 분야에 호기심과 재능을 가지고 있지만 반복적인 학습에 쉽게 지루함을 느낀다. 활동적이고 다채로운 학습 방식을 시도하여 아이에게 맞는 학습 방법과 재능을 찾아주는 것이 중요하다. 단순히 강의 형식으로 진행되는 수업이 아니라 친구들과 함께하는 참여 수업에 도전해봐도 좋다. 토론, 발표 수업, 만들기 수업 등 다양한 방식으로 공부에 재미를 붙일 수 있다.

설계자 형 : 계획에 따라 스스로 학습하는 유형이다.

설계자 형에 속하는 아이들은 가장 큰 특징은 자기 주도성이다. 공부의 이유와 방법을 자신과 연관해 생각하고 스스로 계획을 세우며 그 계획에 따라 실행하는 것을 좋아한다. 설계자 형 아이는 혼자 하는 공부를 선호하며 함께 공부하며 얻을 수 있는 성장의 기회를 놓칠 가능성도 있다. 좀 더 나은 학습 방법을 찾아보는 것도 좋은 방법이다.

나그네 형 : 자유롭고 유연하게 공부하는 유형이다.

아이가 겉보기에는 공부에 관심이 없어 보이지만 내향적이고 감성적이며 창의적 성향이 강한 나그네 형은 틀에 매인 공부를 강요받으면 굉장한 스트레스를 받는다. 왜 정해진 스케줄에 따라 생활하지 않느냐고 다그치는 대신 아이가 집중하여 공부할 수 있도록 환경을 다시 살펴봐야 한다. 조용한 열람실보다는 적당한 소음이 있는 도서관 휴게실을 선호하고 과묵한 공부보다는 말하는 공부법을 선호한다면 그 학습법을 존중하는 테두리 내에서 도움을 주도록 한다. 다만 목표 지향성이 조금 떨어질 수 있다는 것을 염두에 두고 단기, 중장기 목표를 두고 함께 논의해보는 방법으로 학습 의욕을 고취하면 좋다.

아이마다 표현하는 방식이 가지각색이다. 하나의 재료를 가지고 다양하게 창의적인 작품을 만드는가 하면 어떤 아이들은 정해진 틀에 맞게 만드는 아이도 있다. 혹은 어떤 선택하는 부분에서 생각이 많아 시간이 오래 걸리는 아이들도 있다. 어떤 유형이 좋고 나쁜 것은 없다. 아이마다 다른 것이지 틀린 것은 아니기 때문이다.

아이의 성향을 인정해주고 충분히 기다려주는 엄마와 함께 하는 놀이 중국어라면 어디서나 가능하다. 누구나 아이의 방법을 찾아냈다고 해서 거기서 끝내는 것이 아니다. 언어 교육에는 듣기의 비중이 가장 높다. 노래를 좋아하는 아이들은 챈트나 동요 듣기로 채워주면 된다. 하지만 성향에 따라 챈트나 동요를 정말 싫어하는 아이들도 있다. 이럴 때는 쉬운 회화 영상이나 단어 카드 같은 것으로 그 시간을 채워주면 된다. 이렇게 유연하게 응용하면서 적용할 수 있다.

그렇지만 아이가 오늘 중국어 하기 싫어한다거나 혹은 엄마가 피곤하여 오늘은 쉬고 싶을 때 절대 기준을 양보해서는 안 된다. 그렇게 양보하기 시작하면 계속 진행할 수가 없을 수도 있다. 중국어는 꾸준히 하는 것이다. 마라톤과 비슷하다고 생각하면 된다. 모든 언어는 마찬가지다. 얼마만큼 하는 것이 중요한 것이 아니라 조금씩이라도 꾸준히 매일 하는 게 중요하다. 매일 하는 게 쉽지 않다고 생각하겠지만 일상생활에서 한다면 겁먹을 필요가 없다. 일상이 놀이인 것처럼 놀이 중국어도 일상이 된다. 공부하는 유대인 책을 펼친 힐 마골린은 학생들의 학습 스타일에 대해 이렇게 말했다.

"각각의 학생들이 선호하는 학습 스타일에 따라 그들의 공부 방식이 결정된다. 아이들이 어떤 학습 유형에 속해 있는지를 정확히 이해해야 자녀들이 더 큰 성공을 하도록 도울 수 있고 평생 동안 공부하는 성인으로 키울 수 있다."

– 힐 마골린

내 아이에 맞는 맞춤형 학습법이 얼마나 중요한지에 대해 언급하는 내용이다. 놀이 중국어도 마찬가지다. 위의 메시지가 말하고자 하는 바와 같다. 놀이의 주체는 아이가 되어야 하고 놀이 방법과 방향은 아이의 성향에 맞게 시작하는 것이 좋다.

내 아이의 성향과 놀이 유형에 따라 놀이 수업 방향은 다르겠지만 최종 목표는 엄마와 함께 하는 재미있는 놀이 수업이다. 엄마의 역할은 내 아이가 어떤 타입으로 시작하는 것이 가장 어울리고 적합한지 그에 맞는 재료와 수업 교구를 준비해주는 것이다. 내 아이와 가장 적합한 놀이 방법으로 다양한 방법과 탐색할 수 있게 해주자. 최대한 효율적이고 생산적으로 놀이하게 하자. 놀이를 통한 학습으로 아이의 숨은 잠재력과 창의력을 발견할 수 있다. 또한 이러한 경험은 커서 자신에게 맞는 학습 방법과 학습 스타일을 찾는 씨앗이 될 수 있다.

-03-

억지로 가르치지 않아도 중국어 말문이 트인다

자신감을 끌어올려 중국어의 말문을 트이게 하라! 엄마가 아이들이랑 놀아주면서 중국어를 하면 자연스럽게 말문이 트이기 마련이다. 중국어는 눈으로 하는 공부가 아니다. 입으로 하는 것이다.

한국의 대부분 초중고 학생들은 영어를 눈으로 공부하는 습관이 있다. 가장 잘못된 습관이 눈으로 공부하는 것이다. 눈으로 공부하는 습관이 몸에 배면 머릿속에만 맴돌고 말로 뱉어낼 수가 없다. 한마디로 머릿속 중국어와 입에서 나오는 중국어가 따로 놀아 혼란스럽게 한다.

엄마표 중국어처럼 진행할 때 놀이 활동을 하면서 엄마와 중국어로 묻는 말에 자연스럽게 중국어로 대답하게 되는데 이를 통해 자연스럽게 우리 아이가 중국어를 하게 된다. 아이들의 특징은 말문이 일찍 터진다는 점이다. 속담에는 이런 말이 있다. "세 살 버릇 여든까지 간다." 어릴 때부터 나쁜 버릇을 갖고 있으면 고치기 어렵다. 그리하여 어릴 때부터 나쁜 버릇이 들지 않도록 잘 가르쳐야 한다는 뜻이다. 눈으로 하는 공부 습관을 어릴 때부터 잘 잡아주지 않으면 눈과 글로만 하는 중국어를 물려줄 것이다. 흘려듣지 말고 꼭 명심하자!

일상생활에서 중국어로 말하는 습관을 들이고 잡아주자. 모든 습관이 어릴 때부터 시작한다. 좋은 습관이 좋은 영향력이 된다. 아이를 너무 가르치려 하지 말고, 아이의 눈과 말에 반응하면 그때 아이는 가장 많이 성장한다. 눈은 제2의 마음이라고 한다. 그만큼 '눈으로 말한다'라고들 표현을 하곤 한다. 눈빛만 봐도 그 아이가 어떤 마음인지 바로 읽을 수 있어야 한다. 아이의 시선을 따라가며 즉각적으로 반응하라. 일방통행이 아닌 양방향 소통을 해라. 소통이란 둘 사이에 생각과 의견 또는 감정의 교환을 통해서 공통적 이해를 나누는 것을 말한다. 부모님은 네 가지 유형으로 나눌 수 있는 것을 볼 수 있다.

첫째, 엄격하게 계획하는 훈련형 부모

둘째, 아이를 주도하는 교사형 부모

셋째, 아이를 늘 보살피려는 애정형 부모

넷째, 아이에게 최선의 부모는 반응형 부모

과연 어떤 엄마인가? 아이에게 먼저 제안하지 말자. 부모가 놀이를 이끌어간다면, 아이가 좋아하는 것이 아닌 '부모의 놀이'가 된다.

부모는 뒤로 물러나 아이를 지켜보다가 아이에게 부모가 필요할 때 그때 참여해도 충분하다. 그런데 엄마들은 조바심이 앞서서 엄마가 먼저 선택하고 아이를 이끌려고 한다. 예를 들어 아이보고 "뭐 먹을래?" 했을 때 아이가 햄버거 먹겠다고 하면 "햄버거는 인스턴트 음식이어서 몸에 안 좋으니 밥을 먹자."라고 한다. 한때 나도 그랬었다. 아이에게 선택권을 주고 나서 아이가 선택하면 다시 엄마가 안 된다고 한다. 그리고 엄마가 먹이고 싶은걸 먹인다. 공감하는가? 아마 이글을 보면서 고개를 끄덕이는 엄마들이 분명히 있을 것이다. 아이에게 주도권을 주었으면 아이가 먹겠다고 하는 것을 사주는 것이 맞다. 아이가 선택한 것을 인정해주고 존중해주는 것이다. 그래야 아이의 자존감도 상승한다.

자존감이 상승한 아이들이 모든 것을 잘한다. 공부를 좋아하는 아이, 스스로 공부하는 아이. 이것은 모든 엄마의 간절한 바람일 것이다. 아이들은 자신의 능력을 믿고 자신감을 가질 때, 어렵지만 무언가를 해결나간다고 느낄 때, 부모에게 사랑과 지지와 존중을 받는다고 느낄 때 공부할 의욕이 생긴다.

중국어는 학습이 아니고 한국어처럼 자연스럽게 익히는 것, 놀이 중국어의 핵심은 중국어 학습이 아니라 즐거운 놀이라는 것, 지속적으로 꾸준히 언어를 사용할 것, 끝없이 칭찬해주고 할 수 있다는 긍정의 메시지를 심어주어야 한다.

우선 아이의 중국어에 대한 흥미를 높여야 한다. 저자는 아들이 6개월 때부터 CD를 계속 들려줬더니 세 살 때쯤 되니 따라 흥얼대더니 이제는 곧잘 동요나 만화를 잘 따라 하곤 한다. 아직 중국어 뜻은 제대로 잘 모르지만 재미있어하며 뜻을 물어보고 관심이 많다. 아이들은 주입식으로 하면 공부를 하기 싫어한다. 아이들은 무조건 놀이식으로 자연스럽게 생활과 연결하고 아이가 좋아하는 음식이나 환경으로 연결하면 관심을 갖고 자연스럽게 받아들인다.

자연스럽게 하다 보면 호기심을 갖고 알고 싶은 것에 대해 한층 더 깊게 파고들어 갈 수 있다. 뭐든지 억지로 시키고 하려 하면 오래가지도 못하고 금방 싫증나거나 흥미가 지속되지 못하고 바람처럼 사라진다. 그러면 엄마도 어느 순간 지치고 포기하게 된다.

아이가 재미있고 쉽게 접한 만큼 꼬리에 꼬리 물고 확장하여 저절로 말문이 트이는 때가 온다. 그래서 아이를 너무 다그쳐도 안 되고 다른 아이랑 비교해서도 절대로 안 된다. 아이들마다 성향도 다르고 받아들이는 것도 다르다. 모든 아이는 다 자기만의 재능을 갖고 있다. 엄마가 조급해하지 말고 모든 아이의 다름을 인정하고 우리 아이의 강점을 찾아내서 강점을 더 살려주면 된다. 칭찬은 고래도 춤추게 한다.

알고 지내는 수강생 엄마 중에는 아이에 대한 기대치가 높은 엄마가 있다. 기대가 큰 만큼 실망도 크다고 할 수 있다. 엄마가 아이 마음을 편하게 해줘야 아이들이 자유를 만끽하고 더 성장을 단단하게 잘 할 수 있다. 아이를 믿는 만큼 성장한다는 말도 있다. 내가 아이를 믿어주지 않으면 누가 아이를 믿어주겠는가? 아이도 엄마가 자신을 믿어주는 믿음이 큰 힘이 되고 사랑을 느낄 수가 있다.

한 아이가 학교에서 친구가 괴롭힘을 계속 당한다고 엄마, 아빠께 말했다. 아이는 친구를 도와주고 싶다고 이야기했는데 그 엄마, 아빠가 "너는 그 일에 절대 끼면 안 돼."라고 했다. 아이는 그 이튿날 20층 아파트에서 자살을 했다. 아이들은 학교에서 괴롭힘을 당한다는 이야기를 잘 못한다. 그래서 친구가 그렇다고 돌려서 이야기를 한 것인데 엄마, 아빠의 말에 아이는 많은 마음의 상처를 받고 아무도 나를 도와주는 사람이 없다는 느낌에 자살을 택한 것이다. 아이가 마지막 용기를 내서 이야기했을지도 모른다. 너무나 안타까운 죽음이다. 엄마, 아빠가 조금만 아이의 말을 귀를 기울이고 관심을 갖고 "만약 네가 그런 상황이면 꼭 선생님이나 부모님께 이야기를 하라"고 말해야 한다. 부모님의 방관자적 태도가 아이를 벼랑으로 몰고 갈 수도 있다. 아이들에게 많은 관심을 두고 귀를 기울이자.

아이가 뱃속에서 엄마라는 말을 천 번 이상 들어야 엄마라는 말을 내뱉을 수 있다고 한다. 그러므로 아이가 한 단어 한 문장을 말할 때까지는 많이 들려주고 모방하여 따라 하게 해야 한다. 매일 복습하도록 실생활에 사용할 수 있도록 하는 게 제일 좋다. 그 사이에 아이들은 중국어에 빠지게 된다. 중국어로 또 다른 큰 세상을 즐기게 된다.

만약 애정을 가지고 있는 든든한 엄마가 함께 해준다면 아이는 그 애정만큼 크게 스스로 성장하게 된다. 아이가 너무 스트레스 받게 달달 외우게 해서는 안 된다. 계속 반복으로 연습하면 된다. 아이가 몇번 따라 하다 안 되면 그냥 넘어갈 줄도 알아야 한다. 한 가지를 계속 물고 늘어지면 아이가 나는 못한다는 인식을 하기 때문에 그때는 넘어가도 무방하다. 그리고 그 다음날 안 되는 부분을 다시 하면 된다.

또 안 된다고 해서 아이에게 화를 내거나 짜증을 부려서는 절대 안 된다. 못하는 부분을 되짚으면 아이가 흥미를 잃을 수도 있다. 그러하기에 너무 예민하게 받아들이거나 생각할 필요는 없다.

언어는 무한 반복 연습이 살길이다. 급할수록 돌아가라는 속담이 있다. 안 되는 부분이 있으면 넘어가도 괜찮다는 것이다. 무한 반복 하다 보면 언젠가는 잘 돼 있기 마련이다. 너무 서두르지 말고 칭찬을 구체적으로 자주 많이 해주자. 그러면 자신감도 생겨 더 잘하게 된다. 그리고 더 잘하려고 노력하는 모습도 보일 것이다. 적어도 우리 아이들에게 중국어는 더 이상 어려운 외국어가 아님을 주지시키고 즐겁게 듣고 말하고 읽고 쓸 수 있게 꾸준히, 성실히, 천천히 하게 독려하기 바란다.

중국어를 배울 수 있는 충분한 환경이 답이기도 하다. 엄마들이 중국어도 체득과 반복 훈련이 가능한 환경을 만들어주는 것이다. 아이가 모국어를 배우듯이 유창한 의사소통을 이끌어 내는 것을 목표로 해야 한다. 이때 아이들은 억지로 가르치지 않아도 자연스러운 중국어 환경만 조성해주면 스스로 중국어에 노출된 만큼 스스로 체득한다. 엄마가 중국어를 잘 못한다고 해서 두려워할 필요가 없다. 각 단계마다 아이들이 좋아하는 애니메이션이나 영화를 보면서 중국어라는 환경에 자연스럽게 노출되기 때문에 굳이 엄마가 공부를 시키는 것이 아니라 아이와 즐거운 놀이처럼 편하게 받아들이면 된다.

아이들의 호기심을 통해 아이가 스스로 중국어를 익히는 습관을 익히면서 자기 주도 학습도 가능해진다. 중국어는 반복과 성실함이 주는 선물이라고 말하고 싶다. 처음부터 조바심을 내는 엄마들도 있다. 이제 중국어를 시작하는 아이들에게 매일 조금씩 꾸준히 중국어를 들려주고 뜨거운 열정과 끊임없는 노력으로 함께 공부해 간다면 아이의 중국어 실력은 향상되어 있을 것이다. 이 단계를 뛰어넘으면 스트레스 없이 재미있게 억지로 알려주지 않아도 중국어를 밥 먹듯이 술술 잘할 수 있다.

- 04 -

중국어 자체가 목적이면 중국어가 즐거울 수 없다

중국어 자체가 목적이면 중국어가 즐거울 수 있을까? 모든 엄마는 아니라고 답할 것이다. 왜 그럴까? 아이들은 공부 자체가 목적이면 재미없어하고 공부에 흥미가 사라진다. 많이 공감할 것이다. 중국어 자체를 목표로 하는 것이 아니라, 어떻게 하면 중국어에 흥미를 느끼고 즐겁게 배우냐가 중요하다.

아이들은 주입식으로 공부를 시키면 공부를 안 하려고 한다. 공부는 너무 재미없고 지루하다고 생각한다. 그러나 아이들은 놀이는 다 좋아한다. 모든 아이들은 다 똑같을 것이다. 아이들은 저마다 좋아하는 놀이가 분명히 있다. 좋아하는 놀이로 시작하다 보면 아이가 재미있어하고 즐거워한다. 재미가 있으면 관심이 생기고 관심이 있으면 흥미를 가진다. 흥미와 관심을 가지다보면 오랫동안 가지고 논다. 그러면서 습관이 만들어진다. 습관이 만들어지면 중국어 매력에 빠질 수밖에 없다. 성조가 있어서 정말 재미있다. 무슨 소리 하나 할 것이다. “중국 사람들 이야기하는 것을 보면 시끄러워요. 목소리가 커요.” 이렇게 이야기하는데 사실 중국어에는 성조가 있어서 그렇게 들릴 것이다.

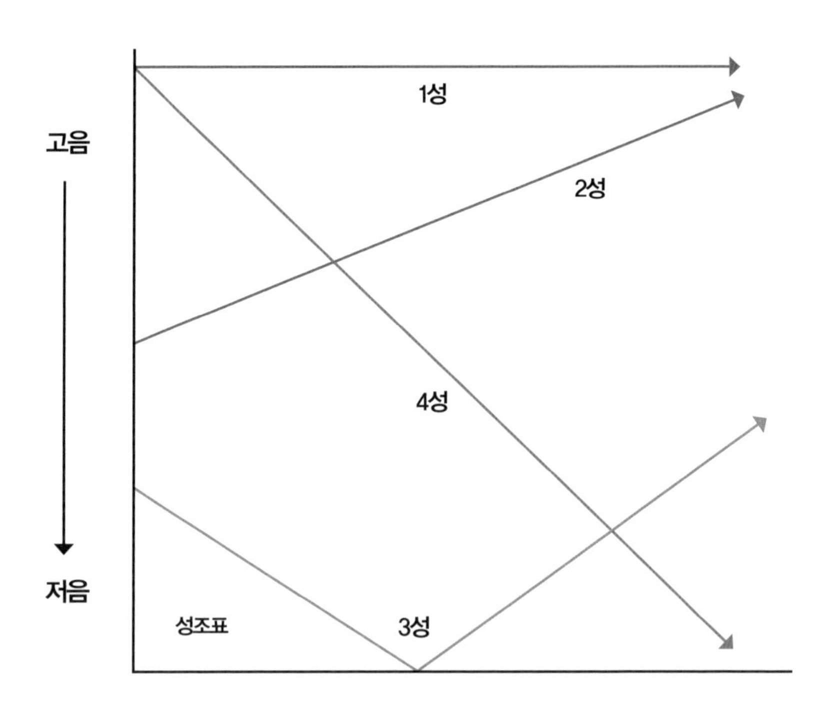

중국어는 한자(漢字)와 한자에 해당하는 음절(音節)이 있다. 중국어의 음절은 성모(자음)+운모(모음)+성조로 이루어져 있다. 하나의 음절은 대부분 하나의 뜻을 가지고 있고, 각 음절에는 모두 성조가 있다. 성조는 같은 발음의 단어의 뜻을 구별하는 작용을 하여, 성조가 변함에 따라 뜻도 달라진다. 따라서 성조가 매우 중요한 역할을 한다. 위의 '엄마'라는 뜻의 '妈'의 음절은 'ma'이고 성모(m)과 운모(a), 그리고 성조(1성)로 이루어져 있다. 성조란 각 음절이 가지고 있는 고유의 음의 높낮이이다.

이렇듯 언어 학습에 필요 요건도 있지만 언어가 쉽게 다가올 수 있게 하는 중요한 요소도 있다. 언어 학습에 있어 알아야 할 중요한 것은 좋은 습관도 중요하지만 무의식 속에서도 언어의 학습은 이어진다는 것이다.

뇌의 신비함을 통해 우리의 기억이 학습에 어떤 영향을 주는지 알아보도록 하자.

유명한 장동선 뇌 과학 박사는 〈세상을 바꾸는 시간, 15분〉 프로그램을 통해 이러한 이야기를 한 적이 있다. 아이들의 뇌는 언어를 배우기 시작하고 우리가 기억할 수도 없는 두 살 미만, 심지어 엄마 배 속에 있을 때 들었던 소리들까지 기억한다고 한다.

이런 연구가 있다. 2014년 프랑스에 입양된 동양 아이들의 뇌를 연구를 했다.

첫째 : 그룹A 프랑스에서 태어나서 자란 아이.

둘째 : 그룹B 부모님이 중국인이고 프랑스에서 태어나 자란 아이. 어려서 프랑스어만 듣고 자랐을 것이다. 부모님이 중국인이기 때문에 중국어와 프랑스어를 함께 하는, 중국계 프랑스인(이중 언어 사용자)이다.

셋째 : 그룹C 태어나자마자 프랑스로 입양된 아이. 엄마 배 속에서만 중국어를 들었다. 중국어는 엄마 배 속에 있을 때만 접했다.

엄마 배 속에서만 중국어를 듣고 프랑스로 입양됐던 아이들(그룹C)이 성인이 되어 중국어를 들었을 때, 프랑스어와 중국어의 이중 언어 사용자(그룹B)의 뇌 반응과 비슷할까? 아니면 한 개 언어밖에 못하는 사람들(그룹A) 뇌와 비슷할까? 언뜻 생각하면 후자일 것 같다. 그룹 C는 엄마 배 속에서만 중국어를 들었고 태어나자마자 프랑스어를 하면서 자랐기 때문이다. 뇌를 보면 이렇다.

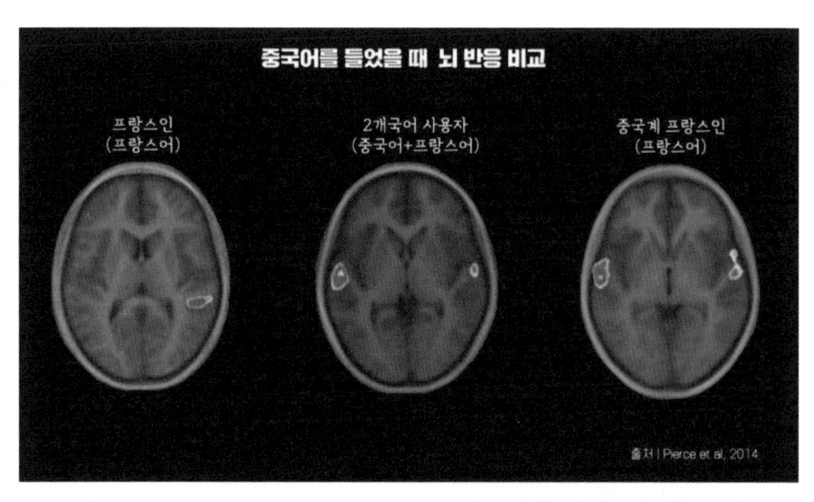

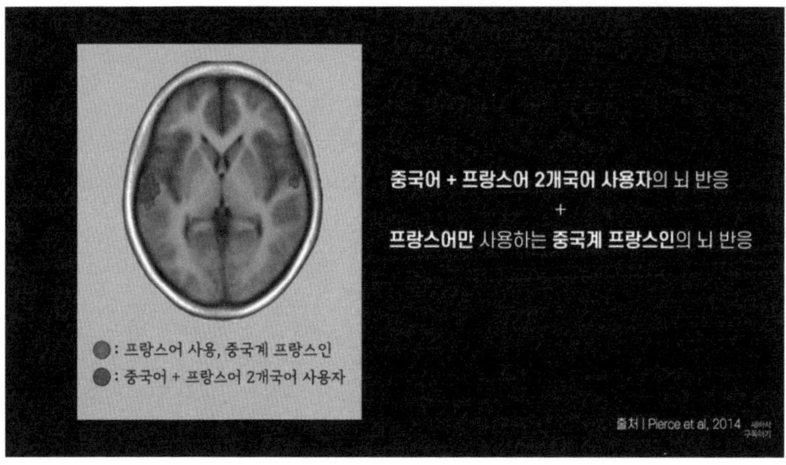

소리를 들었을 때 합쳐서 보면 그룹b와 그룹 c의 뇌반응이 거의 비슷하다. 엄마 뱃속에서 들은 소리를 뇌는 기억하고 있다. 아이들이 기억은 하지 못하지만 부모님들이 했던 수많은 소리들이 아이들의 뇌에 남아 있을까, 남아 있지 않을까? 당연히 남아 있다. 내가 아들이 갓난아이 때부터 동요 같은 것을 꾸준히 들려주었다. 어느 날 유치원 셔틀버스 기다리면서 동요 하나를 불러주었더니 바로 반응하면서 따라서 하는 것이다. 내가 너무 놀라서 어떻게 아냐고 했더니 자기가 어릴 때 들어봤다는 것이었다. 정말 아이가 어릴 때 말은 못하지만 듣고 또 듣고 들은 것을 나중에 말로 내뱉는 것이다. 모든 언어는 듣는 것부터 시작이다. 듣기가 돼야 말하기가 된다. 언어는 듣기가 먼저고 듣기가 되면 말하기가 쉽게 된다. 중국어는 위에 말했듯이 중국어 자체가 목적이면 아이들이 어려워하고 재미없어서 안 한다.

- 05 -

아이가 좋아하는 놀이를 아이가 선택하게 하라

좋아하는 놀이는 아이가 선택하게 하라! 아이가 좋아하는 놀이는 따로 있다. 평상시에 우리 아이가 뭘 좋아하는지에 관찰하고 연구한다. 어떤 이야기를 할 때 우리 아이가 반응하는지 잘 지켜보면 답이 나온다. 그러려면 엄마들은 정말 우리 아이를 근성이 아닌 진심으로 바라봐야 한다. 엄마의 서투른 판단으로 우리 아이를 단정하지 말자. 엄마들이 우리 아이는 내가 잘 안다는 착각하는 경우가 많다. 엄마라서 잘 알고도 있지만 내가 잘 안다고 생각하기 때문에 내 생각이 너무 많이 들어가지 않았나 생각을 해보도록 하자. 엄마가 잘 아는 것 같지만 그건 엄마만의 착각이었다. 저자가 겪은 이야기를 한번 해보려고 한다.

2016년 5월 20일 날 다문화 센터에서 '우리 아이에 대해 얼마나 알까요?'라는 주제로 엄마와 아이가 함께 하는 프로그램이 있었다. 아이는 엄마가 좋아하는 음식, 싫어하는 것 등을 질문하면 말로 표현하는 것이었다. 그 프로그램을 하고 난 후 느낀 점이 있다. 내가 우리 아이에 대해서는 잘 알고 있다고 자신 있었는데, 막상 서로의 마음을 나누니 정말 아이의 마음을 잘 헤아려주지 못했다는 것을 깨달았고 반성을 하면서 울었다. 처음에는 가볍게 재미삼아 웃으면서 참여했지만 나중에는 엄마와 아이들을 눈물바다로 만든 너무 소중한 시간이었다. 서로가 더 이해하고 엄마의 눈높이에서 아이를 엄마의 틀에 맞추는 것이 아니라 우리 아이의 눈높이에 맞게 아이가 성장할 수 있도록 해야겠다는 큰 교훈을 얻었다.

여러분들은 우리 아이에 대해 얼마큼 잘 안다고 생각하는가? 혹시 내 생각을 반영하지는 않았는가? 가끔 아이랑 놀아주면서 서로의 마음을 나누기도 한다. 우리 아이가 요즘 속상했던 일은 없는지, 뭐가 고민인지, 학교생활 뭐가 제일 좋았는지, 요즘 코로나로 인해 힘든 것은 없는지 등등 질문을 많이 한다. 그럼 아이는 거기에 대해 응해준다. 오늘은 받아쓰기

했는데 띄어쓰기 안 해서 틀려서 많이 속상했다고 했다. 그러면 그때 엄마가 "우리 아이가 받아쓰기 쪽지 시험에서 띄어쓰기 안 해서 틀려서 많이 속상했구나." 하면서 아이의 속상한 마음을 헤아려 준다. 그러고 나서 다음에는 충분히 연습을 해서 다음 쪽지 시험을 잘 보자고 응원을 한다.

맛있는 요리를 100가지 만들 수 있는 엄마, 자신이 일어났다는 신호를 주면 달려오는 엄마, 자녀가 원할 때까지 인내심을 가지고 기다려줄 수 있는 엄마. 그들이 직접 작성한 이상적인 엄마의 모습은 내용은 다양했지만 결국 가장 이상적인 엄마는 자녀가 원하는 것을 채워주고 이해해 줄 수 있는 엄마였다. 물론 자녀가 원하는 것을 모두 수용해 줄 순 없겠지만, 엄마의 욕심으로 자식을 힘들게 해서는 안 될 것이다. 누군가를 사랑할 때 때로는 집착을 하고 자신을 잃게 되기도 한다. 엄마가 자식을 사랑할 때도 그런 현상이 나타나나 보다. 이 책에는 자신을 잃지 말라고, 집착하지 말라는 내용도 포함되어 있다.

오감 활동을 통해 시각, 후각, 청각, 미각, 촉각을 골고루 사용해 언어의 잠재력을 끌어올리고 야외 놀이를 통해 학습의 즐거움을 더해주는 색다른 놀이 5가지 수업이다.

첫째, 활동 수업은 야외 놀이를 하게 하라!

집에서 배우고 익혔던 것을 실질적인 체험을 통해 호기심을 자극해준다. 야외 활동을 통해 스트레스를 풀고 체력을 끌어올릴 수 있다. 아이가 평상시에 관심이 있는 주제와 관련된 학습 장소 혹은 마트도 괜찮다. 마트에 가면 다양한 과일이랑 야채, 생선 등이 있다. 집에서 배웠던 과일, 야채, 생선 이름을 현장에 가서 다시 복습하면 최고의 학습 능률을 올리게 된다. 다양한 경험으로 몰입도를 높여주면 꾸준한 학습의 동기를 부여하게 된다.

둘째, 후각과 미각과 시각을 이용하라.

색이 다른 여러 가지의 과일을 준비한다. 아이가 직접 손으로 겉과 속의 촉감이 어떤지 느껴 보게 하고 겉과 속이 어떻게 다른지 잘라서 눈으로 한번 보게 한다. 씨가 있는 과일, 씨가 없는 과일을 말하게 한다.

그리고 후각으로 냄새도 맡게 하여 어떤 향이 나는지 이야기하게 한다. 아이의 눈을 가리고 여러 가지 과일을 잘라서 맛을 보게 한다. 맛을 통해 여러 가지 학습의 효과가 즐거우면서 배움을 통해 기분이 배가 된다. 과일의 신맛, 단맛, 떫은맛, 쓴맛을 표현하게 한다.

셋째, 촉감을 통해 감각을 발달시켜라.

평소에 점토를 가지고 조물조물해서 아이가 좋아하는 자동차도 만들어보고 엄마가 좋아하는 야채도 만들어본다. 엄마는 눈에 좋은 당근을 좋아하는데 우리 아이가 좋아하는 야채가 뭐가 있는지, 질문하면서 같이 만들어보면 더욱 좋다.

넷째, 소리와 음악을 통해 발달시켜라.

음악은 청각을 자극하는 수업이다. 아이에게 음악이나 악기를 통해 청각을 자극해준다. 잠재의식을 이용한 수면 학습 방법은 잠들기 20분 전부터 시작하여 잠이 든 후 10분까지를 활용하는 것이다. 수면 학습이 되는 시간은 총 30분인 셈이다. 아침에 잠을 깨울 때에도 중국어 동요와 스토리텔링으로 아이를 잠에서 깨워준다. 수면 학습은 아이도 좋아하며 자연스러운 기억으로 아이의 뇌에 저장이 된다. 저장된 기억은 무의식 속에 있게 되며 아이가 음악과 소리에 리듬을 타게 되는 것이다. 청각을 통한 자극이 학습에 효과가 있다는 것을 보여준다.

다섯째, 관찰을 통해 변화를 경험하게 하라.

사람은 살면서 수없이 많은 관찰을 하게 되며 그 안에서 자신도 모르는 사이에 행동의 변화를 엿볼 수 있게 된다. 어떠한 관찰을 하는가에 따라서 수없이 많은 행동을 보게 된다. 처음에는 옳고 그름의 기준이 없기 때문에 잘못된 행동인지 아닌지를 분별할 수 없지만 끝없이 관찰을 하게 되면서 행동은 자연스럽게 교정된다.

저자 또한 아이와 학습을 하면서 수많은 시행착오를 경험해왔다. 시행착오를 겪으면서 많은 변화가 있었기에 지금까지 달려올 수 있지 않았을까 하는 생각이 든다. 하지만 노력은 배신하는 법이 없다. 학습법을 훈련하다 보니 아이는 여러 방면에서 많은 변화와 성장을 하였다. 아이 눈높이에 맞게 아이가 좋아하는 5가지 방식의 놀이를 통해 1가지 방식을 택해 아이에게 적용할 수 있게 시작해보도록 하자. 어떠한 방식이라도 괜찮다. 놀이를 하는 데 있어서 아이의 성향과 취향을 존중해주고 아이가 스스로 할 수 있을 때까지 지켜보면서 기다리게 된다면 언젠가 아이는 5가지 방법을 도전하게 되고 성공하는 그날도 올 수 있을 것이다. 가장 쉽고 재미있으며 흥미 있는 학습법은 아이를 즐겁게 해줄 것이고 더 나아가 아이가 저자보다 더 좋은 학습을 터득하고 실용화하게 될 것이다.

-06-

거실을 중국어 놀이터로 만들어라

거실이라는 공간을 중국어 놀이터로 만들어라. 가장 넓은 공간은 거실이므로 거실을 활용하여 중국어를 친한 장난감처럼 가지고 놀 수 있는 장소이기도 하다. 바로 아이들이 가장 친숙한 곳이 거실이 아닐까 생각한다. 그런데 하필이면 왜 거실일까? 아이의 방을 공부방으로 꾸며주는 게 낫지 않을까? 사실 초등학교 때까지는 자기 방에서 차분히 앉아 공부하는 아이들이 많지 않다. 왜냐면 저학년까지는 15분 이상 집중하기 어려운 것이 당연하기 때문이다. 그렇다면 어떻게 우리 아이가 15분 이상 집중할 수 있을까?

우리 아이와 공감해주는 것일 것이다. 엄마가 곁에 있고, 아빠와도 함께 놀 수 있는 거실이 아이가 지적 호기심을 해결하기엔 가장 적합한 장소다. 언제나 아이들 스스로 해볼 수 있는 여러 가지를 체험하고 그런 과정에서 아이가 스스로 하고 싶은 것을 찾아서 하고 재능을 발휘하기 때문이다. 그래서 거실에서 아이의 창의력 키울 수 있는 최고의 놀이터라는 것을 꼭 기억하자.

우리 집을 중국어 환경으로 만들기 위해서는 어떻게 해야 할까? 엄마들만의 아이디어와 구상으로 만들어놓으면 된다. 우리 집 같은 경우 아이가 중국어 배우기 좋은 환경으로 만들어놓았다. 비싼 인테리어가 아니라 우선 아이가 책을 가까이 접할 수 있도록 책장의 위치를 아이 방에서 거실로 옮겨 두었다. 눈높이에 맞게 쉽게 혼자서도 꺼내 볼 수 있는 위치에 책을 두어 아이랑 같이 놀이하면서 만든 다양한 작품들을 전시해놓았다. 이렇게 자연스럽게 자주 책을 꺼내 볼 수 있게 했다. 호기심을 유발할 수 있는 중국어 환경을 우선 만들어놓는다.

아이와 함께 할 수 있는 넓은 책상에서 그림도 그리고 놀이 수업도 하고, 온 가족이 모이는 거실에서 다양한 놀이 중국어도 하고 책도 읽고 궁금한 것이 생길 때마다 꺼내 보면서 마음껏 '놀고' '즐기는' 방법을 제안하는 중국어 놀이 학습 공간을 만들었다.

놀이 중국어를 진행하다보면 아이들 작품이 많이 쏟아져 나온다. 과학 활동, 지엔즈 활동 등 다양한 작품들을 아이들이 완성한다. 집에서 놀이 중국어 할 수 있는 재료는 인터넷 구매나 아니면 집에서 굴러다니는 재활용품을 사용해서 작품을 만들 수 있다. 이 모든 작품들은 집에다 진열하고 전시해둬서 작품을 볼 때마다 칭찬을 해주면 아이의 자존감과 성취감이 향상되면서 중국어 실력 또한 향상된다. 이렇게 우리 집을 중국어 환경으로 만드는 것이 중요하다. 이러한 환경적 변화는 자연스럽게 학습 습관으로 연결되고 놀이 수업으로 더욱 확대되었다.

모든 사람은 자기만의 공간을 좋아한다. 저자도 좋아하는 공간이 있는데 바로 작업실이다. 작업실에서 책을 보거나 아니면 교구 만들고 아이디어를 찾고 쉬는 나만의 공간이다. 이 공간에 있을 때만큼은 기분이 너무 좋다. 아이들도 자기가 좋아하는 공간이 있다. 우리 아이가 좋아하는 공간은 가족이 함께 할 수 있는 거실이다. 거실에서 레고 만들기도 하고 미술 놀이도 한다. 거실을 놀이터로 만드는 팁을 알려드리려고 한다.

첫째, 아이와 함께한 작품들은 아이 눈높이에 잘 보이는 곳에 전시해 둔다. 아이의 눈에 자주 보일 수 있는 장소가 좋다. 엄마와 함께 즐긴 작품을 통해 자존감과 성취감을 동시에 느낄 수 있게 된다. 중국어는 학습하는 것처럼 하면 안 된다. 모국어처럼 자연스럽게 익히는 것이다. 재미있어야 즐거운 놀이라고 인식하기 때문에 자연스럽게 습득한다.

둘째, 놀이 수업을 할 때 지켜봐주는 엄마가 되라. 놀이 수업을 할 때 엄마가 사사건건 참여하거나 엄마의 의견을 내세우면 좋지 않다. 엄마의 의견을 내세우면 아이가 흥미를 잃을 수도 있다. 아이들의 집중력은 생각보다 길지 않다. 또한 계속 앉아서 놀이하는 것도 지속하기 어렵다. 놀이 중국어의 핵심은 중국어 학습이 아니라 즐거운 놀이에 중국어를 더하는 것이다. 오감으로 몸을 움직이고 느끼며 즐기는 놀이 중국어 수업을 통해 아이들은 더 많이 자극받게 되고 생각하고 느끼며 이해한다.

놀이 중국어는 자연스러운 놀이를 통해 창의력도 키워나가는 활동이 되고 아울러 중국어를 모국어 하듯이 자연스럽게 입에 척척 붙으며 자연스럽게 내뱉게 된다. 놀이 수업은 자연스러운 언어 노출이다. 부모와 아이가 함께 즐길 수 있는 시간을 가지도록 하자.

셋째, 꾸준히 언어를 사용하라! 언어는 지속성이 유지되지 않으면 안 된다. 지속적으로 꾸준히 언어를 사용해주어야 한다. 언어는 단기간에 완성되는 것은 아니다. 중국어를 아이가 평생 사용해야 할 모국어의 개념으로 받아들이면 쉽게 이해가 될 것이다. 놀이 중국어를 하다 보며 교구나 다양한 도구가 나온다. 놀이를 하다가 주변이 지저분해진다 해서 엄마가 옆에서 정리하는 모습을 보게 되면 아이는 놀이에 집중할 수 없게 되고 놀이의 흐름이 끊어지게 된다. 아이가 즐길 수 있는 시간을 여유 있게 해주고 놀이를 통해 또 다른 놀이를 적용할 수 있는 시간을 충분히 갖도록 하자.

넷째, 결과보다 과정을 칭찬하라! 아이가 잘한 것에 대해 과정을 칭찬해주고 할 수 있다는 긍정의 메시지를 심어준다. 아이들은 당연히 서툴고 실수할 때도 많다. 실수했을 때 주위의 눈치를 살핀다. 아이들은 본능적으로 눈치를 보기 마련이다. 아들이 다니고 있는 학교에서 줄넘기 연습해서 오라고 했다. 그 전날 놀이터에서 줄넘기를 하는데 잘 하지 못하고 실수를 할 때 용기를 주었다. "괜찮아, 엄마도 너만 했을 때 줄넘기 하나도 못 했어. 근데 자꾸 연습하니까 잘하게 되더라." 이제 우리 윤호도 연습을 하면 잘할 수 있다는 긍정의 말을 해주니 그 순간 자신감을 느끼고 더 열심히 하는 모습을 봤다. 잘한다, 할 수 있다는 칭찬의 말을 해주면 아이는 어느새 자신감을 가지고 틀린 말부터 다시 하게 되며 실수한 언어는 자연스럽게 뇌에 저장하게 된다. 이것이 긍정의 힘이다.

이 네 가지 방법만 잘 지켜도 부모와 함께 놀이 중국어를 하면 아이는 정서적으로도 안정된다. 하나의 주제로 다양한 놀이 방법을 찾고 서로 융합해보는 창의적인 놀이로 발전하게 된다. 집이라는 공간이 안식처를 넘어 아이의 잠재력을 끌어올리고 최고의 놀이터가 될 것이다. 놀이 중국어는 즐거움이 유지될 수 있을 것이다. 처음에는 부모의 도움으로 놀이 중국어를 알게 되겠지만 시간이 지나면 아이가 좋아하는 것을 알아서 직접 고른다. 일상 속의 놀이로 생각했던 놀이 중국어가 좋은 습관으로 자리 잡게 되는 것이다. 외국어를 모국어로 자리 잡게 하기 위해서는 1년 이상의 시간이 필요한 것이다. 매일 꾸준히 노력하는 놀이 중국어를 통해 아이가 스스로 중국어 학습하기를 원하고 알아가는 즐거움을 맛보게 될 것이다.

아이가 놀이를 통해 중국어를 익히게 되면서 아이는 성취감을 느낄 것이며 스스로 학습을 주도해 나갈 수 있게 된다. 단순히 공부만 잘하는 아이가 아니라 공부하는 방법을 터득해나가는 아이로 성장하게 된다. 엄마가 사고의 틀을 벗어버린다면 아이의 발전은 빠르게 될 것이다. 엄마의 불안함은 언어를 익히는 데는 도움이 되지 않으니 놀이 학습을 통해 달라지는 아이의 모습을 뒤에서 관조하기 바란다. 요즘은 놀이 수업이 대세이다. 거실에서 놀이를 하다 보면 창의력, 정서 발달, 문제 해결력이 향상되고 엄마와의 애착 관계도 향상될 것이다. 아이들의 두뇌는 학습보다 놀이를 더욱더 좋아한다. 자유로운 놀이를 통해 배우는 중국어 표현은 다양하게 많다. 놀이에 익숙한 아이들은 스스로 원해서 중국어 공부를 하게 된다. 집에서 부모님이랑 함께 하면 창의적인 생각과 즐거움도 배가 되고 기분도 좋지 않을까.

즐겁게 공부하는 생활 속 놀이 중국어

- 01 -

재미있는 글자 색칠하기

다음 표를 통해 정해진 글자를 찾아 색깔별로 색칠해보자.

미술 활동으로도 많이 하는 색칠하기다. 새롭게 중국 글자를 찾아 색연필로 직접 색칠하여 글자도 자연스럽게 익힐 수 있다. 또한 색칠로 하여금 아이들의 소근육, 대근육을 발달시킬 수 있으며 색상 개념과 인지에 대한 활동도 동시에 할 수 있다.

불 화 (火) 자를 찾아 빨간색 칠하기												
		月			水	火				水		
		水		月		火		水				
	水	日	火		水	火	水		天	火	水	
			火		月	火	月	月		火		
		火	天	山		火	山		火	天		
			月			火	月				山	
				山	天	火		开		月		
		月			火	上	火					
				火				火			月	
	山		火		月	月			火			
		火			山			山		火		
	火		水					水			火	
	水					月			水		水	

달 월 (月) 자를 찾아 은색 칠하기												
山	日	日			火			日				水
		火	月	月	月	月	月	月	天			
		水	月			火		月				
			月	上	水			月	水			
	山		月	月	月	月	月	月	日		日	
山			月	日	水	火		月		火	日	
			月		口		日	月	水	火		
	水	火	月	月	月	月	月	月	好			日
			月	男	山		天	月	天	日	水	
			月			火	山	月	火			
	日	月	日	山				月		日		
	月		火			水		月				
				日	山		月	月	天	山	日	
		山			火							

돌 석 (石) 자를 찾아 회색 칠하기

	木				川		川					木
土		石	石	石	石	石	石	石	石	石		
					石	川	口	上		川		
木	雨	土		石		雨		土	天		雨	
雨			石		上	土	口	上		人		
		石		石	石	石	石	石	口	土		
	石			石		好		石	天			雨
雨		土	雨	石	川	木	川	石			川	
				石				石		土		
	川	川		石	石	石	石	石	头		口	
					木					木		
雨				土				土				
		土				川	木			川		
		木							雨			

밭 전 (田) 자를 찾아 연두색 칠하기												
		川	川					日				
	田	田	田	田	田	田	田	田	田	田	田	
	田			石		田	口	月			田	林
	田	日	土	土		田		土	土	雨	田	
	田	雨	土		天	田	水	土			田	
林	田				林	田			石		田	
	田	田	田	田	田	田	田	田	田	田	田	
	田	日				田		川	川		田	林
	田		土			田				日	田	
日	田					田	石				田	石
	田		林	雨		田		土		日	田	
林	田	田	田	田	田	田	田	田	田	田	田	
		石		日	石							
								川	川			

작을 소 (小) 자를 찾아 노랑색 칠하기

						中						
			子			中		子				
	大			中		小			中		大	
			大		的	小	大	大				
中						小	石			石		
		中	天	小	天	小	大	小	中		中	
中			小		石	小			小			
		小	人	大		小	口	大		小		
	小			大		小			好		小	
					男	小	女					
		中	大			小		中	口	大		石
				口		小		石				
					小	小						
			上					口			石	

수풀 림 (林) 자를 찾아 초록색 칠하기												
			林			三	日		林	中	三	
森			林				月		林			
森	林	林	林	林	林	水	林	林	林	林	林	
森			林		田				林			
		林	林	林		木	流	林	林	林		
	林		林		林		林	口	林		林	
林		三	林			林		口	林	森		林
	山		林		木			人	林	森		
			林			田	开		林	森		
			林	山	木		森		林		田	田
	雨		林				森		林			
		天	开	田		雨	森	火			川	
		九						山				

일곱 칠 (七) 자를 찾아 보라색 칠하기

	一		十							八		
					一	五				八		
四			七					一			十	
			七									
		日	七	天		五				五		
	七	七	七	七	七	七	七	七	七	七	七	
			七		四					四		
	六		七				六					
			七	十		五			四			
			七								六	
				七	七	七	七	七	七	七		
	五								五			
		一			十			一			十	
八				八								八

아홉 구 (九) 자를 찾아 검정색 칠하기

			田		十		一			口		
	四				九						一	
					九			十	人			
		九	九	九	九	九	九	九	九		中	
	八				九	三	一	九				
			十	八	九			九	人			
		六			九	上		九			一	
	王			八	九			九	王			
				九			一	九		山		
		八	九		口			八	九	日		
		九						上		九	三	
	九				口			洗			九	
					中		一					
六			四								六	

일백 백 (百) 자를 찾아 핑크색 칠하기

	日											
		百	百	百	百	百	百	百	百	百		
				百	王				日	月	干	
		小	百	百	百	百	百	百	百			
			百	中			天		百		小	
千	上		百			天		王	百		下	
	三		百				日		百	九		
		大	百	百	百	百	百	百	百		中	
	中		百		八				百			
			百	中		日		中	百	大		
	听		百				中		百	小		十
			百	百	百	百	百	百	百		千	
	日											
							大					

<table>
<tr><th colspan="13">가운데 중 (中) 자를 찾아 파란색 칠하기</th></tr>
<tr><td></td><td></td><td></td><td></td><td>大</td><td></td><td></td><td></td><td></td><td></td><td>大</td><td></td><td>大</td></tr>
<tr><td></td><td></td><td>小</td><td>田</td><td>小</td><td></td><td>中</td><td></td><td>九</td><td></td><td></td><td></td><td></td></tr>
<tr><td></td><td>王</td><td></td><td></td><td></td><td>九</td><td>中</td><td>九</td><td></td><td>百</td><td></td><td></td><td>九</td></tr>
<tr><td></td><td></td><td>田</td><td></td><td>日</td><td></td><td>中</td><td></td><td>上</td><td></td><td>日</td><td></td><td></td></tr>
<tr><td></td><td></td><td>中</td><td>中</td><td>中</td><td>中</td><td>中</td><td>中</td><td>中</td><td>中</td><td>中</td><td>天</td><td></td></tr>
<tr><td></td><td>天</td><td>中</td><td>口</td><td></td><td></td><td>中</td><td>楼</td><td>田</td><td></td><td>中</td><td></td><td></td></tr>
<tr><td></td><td></td><td>中</td><td></td><td>九</td><td></td><td>中</td><td>小</td><td></td><td>大</td><td>中</td><td>天</td><td></td></tr>
<tr><td>百</td><td></td><td>中</td><td></td><td>小</td><td></td><td>中</td><td></td><td></td><td></td><td>中</td><td></td><td></td></tr>
<tr><td></td><td>日</td><td>中</td><td></td><td></td><td>上</td><td>中</td><td>日</td><td></td><td>口</td><td>中</td><td>大</td><td>九</td></tr>
<tr><td></td><td>好</td><td>中</td><td>中</td><td>中</td><td>中</td><td>中</td><td>中</td><td>中</td><td>中</td><td>中</td><td></td><td></td></tr>
<tr><td>大</td><td></td><td>天</td><td></td><td>日</td><td>天</td><td>中</td><td>日</td><td></td><td></td><td>口</td><td></td><td>百</td></tr>
<tr><td></td><td></td><td></td><td></td><td>大</td><td></td><td>中</td><td></td><td>大</td><td>小</td><td></td><td></td><td></td></tr>
<tr><td></td><td></td><td>百</td><td></td><td>大</td><td></td><td>中</td><td></td><td></td><td></td><td></td><td>百</td><td></td></tr>
<tr><td></td><td></td><td></td><td></td><td></td><td></td><td></td><td></td><td></td><td></td><td></td><td></td><td></td></tr>
</table>

남자 남 (男) 자를 찾아 갈색 칠하기

百								中				中
		男	男	男	男	男	男	男	男	男	中	
	月	男		力		男	九		力	男	中	
		男	男	男	男	男	男	男	男	男		
上		男		九		男	女		九	男		千
	力	男	男	男	男	男	男	男	男	男		
上		力				男				月	月	
	男	男	男	男	男	男	男	男	男	男		
					男	田				男		
	百	百		男		日	月	日		男	月	
			男		田	千				男		
		男		田		力			男			
	男		田				男	男			月	
									百			

아들 자 (子) 자를 찾아 노란색 칠하기												
				口		了			口			
	开		子	子	子	子	子	子	子		林	火
	男		中	男		男		子	人	百	日	森
			中			日	子				天	
			口		口	子		了		口		
	子	子	子	子	子	子	子	子	子	子	子	
		男	大	男		子	男	女		女	好	
						子	女					
	田	日	田	小	人	子	人	中				
				田	日	子	天	小	中	人	男	
	人	土	雨	大		子						
	大			田		子	男		好	号		
		女		日	子	子	日		下	明		
						天			林			

윗 상 (上) 자를 찾아 빨간색 칠하기

百								中				中
		男	日	日	火	上	男	男	日	男	中	
	月	好		力		上	九		力	男	中	
		男	男	男	男	上	男	男	天	下		
中		男		九		上	女		九	天		千
	力	人	男	火	男	上	上	上	上	下		
中		力		下		上				月	月	
	下	男	天	天	日	上	日	上	男	日		
					男	上				下		
	人	百		人		上	百	天		下	月	
		上	上	上	上	上	上	上	上	上		
		日		田		力			明			
	男		田				男	日			月	
									百			

아래 하 (下) 자를 찾아 주황색 칠하기

	男			子	子	上	上	子	子		林	森
	男	下	下	下	下	下	下	下	下	下	下	森
			中			下	子		人		林	
						下						
	子	子		子	上	下	上	子		子	子	
		男	千	男		下	下	女		女		
					人	下		下				
	月	田	日	田	日	下	日	中				
				天	月	下	日	中	女	男	人	
	子	十	雨	日		下						
	子			田		下	男		开	森		
		女			子	子	口		大	口		
									心			

사람 인 (人) 자를 황금색 칠하기

						人	四					
		开			日	人	天					
		日			大	人	小		日			
		日		好	开	人	开		月	男		
					人	口	人	生	人			
		日	口	人	大		日	人	月			
			人	川		开			人	大		
	开	人		日		日	日		开	人		
	人	口			月					川	人	日
人	是						日	月	金		男	人
			开	下	日			明		口		
					日			明				
					月							

날 생 (生) 자를 빨간색 칠하기

			生				生	开				
		天	生		天		生	人		开		
		天	生	生	生	生	生	生	生	生		
	天	生	天			日	生	天				
	生	山		天		月	生			天		
生	日	山	生	生	生	生	生	生	生	生	人	
				日		人	生	天	田	热		
					人	日	生	月				
					让		生	日		日		
日		川	上		开	雨	生	天	天	月		
生	生	生	生	生	生	生	生	生	生	生	生	
月	日		上		天		天	日		日	上	
										人		

- 02 -

동요로 배우는 중국어

동요를 통해 어휘와 문장을 이해한다. 중국어 동요도 아동 문학의 한 장르로 일종의 시이다. 중국어 동요에 담겨진 함축적 의미를 찾는 과정에서 중국어 문장을 해석하고 낱말의 의미를 정확하게 파악할 수 있다.

동요 가사에 맞는 소품을 제시하거나 동요 낱말의 의미를 시각적으로 제시한다. 동요 주제와 관련된 내용을 우리말로 이야기하면서 아이가 스스로 생각할 수 있도록 유도한다. 그리고 가사에 단어를 바꾸어 넣고 불러본다.

〈两只老虎(두 마리 호랑이)〉

两只老虎 (두 마리 호랑이)

[liǎngzhīlǎohǔ] 량즈라오후

两只老虎 (두 마리 호랑이)

[liǎngzhīlǎohǔ] 량즈라오후

跑得快 (빨리도 달리네)

[pǎodekuài] 파오 더 콰이

跑得快 (빨리도 달리네)

[pǎodekuài] 파오 더 콰이

一只 没有耳朵 (한 마리는 귀가 없고)

[yìzhīméiyǒuěrduo] 이즈 메이요 얼둬어

一只 没有尾巴 (한 마리는 꼬리가 없네)

[yìzhīméiyǒuwěiba] 이즈 메이요 웨이빠

真奇怪 (정말 이상해)

[zhēnqíguài] 쩐 치꽈이

真奇怪 (정말 이상해)

[zhēnqíguài] 쩐 치꽈이

〈三只熊(곰 세 마리)〉

有三只小熊 住在一起 (곰 세 마리가 한 집에 있어)

[yǒu sān zhī xióng ā shēng húo zài yī qǐ]

요우 싼즈 시아오시웅 주짜이 이치

熊爸爸 熊妈妈 熊宝宝 (아빠곰, 엄마곰, 애기곰)

[xióngbàba xióngmāma xióngbǎobǎo]

시웅 빠바 시웅 마마 시웅 바오바오

熊爸爸呀 胖胖的 (아빠곰은 뚱뚱해)

[xióngbàbaya pàngpàngde] 시웅 빠바야 팡팡더

熊妈妈呀 身材棒 (엄마곰은 날씬해)

[xióngmāmaya shēncáibàng] 시웅 마마야 선차이 빵

熊宝宝呀 真呀真可爱 (애기곰은 너무 귀여워)

[xióngbǎobǎoya zhēnyazhēnkěài] 시웅 바오바오야 전이아 전 커아이

一天一天长大啦 ! (으쓱으쓱 자란다)

[yìtiān yìtiān zhǎngdàlā] 이티앤 이티앤 장딸라

-03-

엄마와 함께하는 중국어 신체 놀이

다음 페이지의 그림을 보고 알맞은 단어를 써보자.

头 [tóu] 머리

眉毛 [méimao] 눈썹

脸 [liǎn] 얼굴

耳朵 [ěrduo] 귀

胳膊 [gēbo] 팔

肚子 [dùzi] 배

眼睛 [yǎnjing] 눈

鼻子 [bízi] 코

嘴 [zuǐ] 입

脖子 [bózi] 목

手 [shǒu] 손

胸 [xiōng] 가슴

脚 [jiǎo] 발

膝盖 [xīgài] 무릎

〈头肩膀膝盖脚 (머리 어깨 무릎 발)〉 중국어 동요

头 肩膀 膝盖 脚 膝盖 脚 (머리 어깨 무릎 발 무릎 발)

[tóu jiānbǎng xīgài jiǎo xīgài jiǎo]

토우 찌엔방 씨까이 쟈오 씨까이 쟈오

头 肩膀 膝盖 脚 膝盖 脚 (머리 어깨 무릎 발 무릎 발)

[tóu jiānbǎng xīgài jiǎo xīgài jiǎo]

토우 찌엔방 씨까이 쟈오 씨까이 쟈오

眼睛 耳朵 嘴 和 鼻子 (눈 귀 입과 코)

[yǎnjīng ěrduo zuǐ he bízi]

이앤징 얼두어 주에이 허 비즈

头 肩膀 膝盖 脚 膝盖 脚 (머리 어깨 무릎 발 무릎 발)

[tóu jiānbǎng xīgài jiǎo xīgài jiǎo]

토우 찌엔방 씨까이 쟈오

★

노래가 익숙해지면 2배속으로 불러보자. 아이들이 무척 재미있어한다.

〈코코코 게임〉 따라 해보기

1. 손가락으로 코를 짚으며 게임을 시작해요.

2. 소리를 잘 듣고 알맞은 신체를 손가락으로 짚어요.

3. 먼저 "○○ zài zhèr(여기에 있다)"이라고 말하면 게임왕이 돼요.

엄마 : 코코코 头在哪儿? (머리가 어디에 있나요?)

토우 짜이나얼?

아들 : 头在这儿. (머리가 여기에 있어요.)

토우 짜이쩌얼

在哪儿 (어디에 있나요)

짜이나얼

在这儿 (여기에 있어요)

짜이쩌얼

- 04 -

새콤달콤 맛있는 과일 이름 알기

중국은 지역마다 특색 있는 과일이 많이 있다. 중국은 과일의 천국이라 할 만큼 다양한 과일이 많다. 기후가 다양하여 과일들도 마음껏 맛볼 수 있다.

중국의 멜론이라고 불리는 하미과(哈密瓜:[hāmìguā])라는 과일은 신장 지역에서 재배되는 하미과가 제일 맛이 좋다.

리즈(荔枝:[lìzhī])는 양귀비가 가장 좋아했던 과일로 유명하다. 룽옌

(龙眼:[lóngyǎn])은 용의 눈이라는 뜻인데, 리즈와 비슷하게 생겼다.

피파(枇杷:[pípá])는 잎이 악가 비파(琵琶)를 닮아서 이름이 붙여졌다.

유우즈(柚子:[yòuzi])는 둥글둥글 수박만큼 큼직해서 자르면 하얀색의 속껍질이 두껍게 자리 잡아 알맹이들을 보호하고 있다. 그 속껍질을 벗기면 빨간 유우즈가 속살을 드러낸다. 한국의 유자와 비슷한 것 같지만 다르다.

용을 닮은 선인장 열매라고 불리는 훠룽궈(火龙果:[huǒlóngguǒ]), 용과는 과육 색깔에 따라 빨강/하양/노랑 세 종류가 있다. 용의 뿔을 단 듯 범상치 않은 겉모습과 입을 열면 드러나는 빨간 속살들은 빨간 불을 뿜는 천상 용의 모습이다.

리우리엔(榴莲:[liúlián]), 중국 광둥 지역에서 재배하고 천국의 맛과 지옥의 냄새를 동시에 가졌다는 두리안은 과일의 제왕이다. 큰 수박만한 두리안의 외형을 보면 과일의 왕이란 말에 토를 달 사람은 없을 것이다. 맛에 있어서는 호불호가 갈린다.

나한과(罗汉果:[luóhànguǒ])는 중국에서 약 300년이 넘도록 신선과라고 불리며 연구되어온 과일이다. 광시장족 자치구 계림 지역에서만 재배되고 다른 지역에서는 건조시켜 차로 마신다.

산쥬궈(山竹果:[shānzhú guǒ])는 과일의 여왕으로 불리는 것이 이 망고스틴이다. 대영제국의 빅토리아 여왕이 너무나 좋아해서 망고스틴을 가지고 오면 기사 직위를 줬다는 이야기도 있다.

양토우(杨桃:[yángtáo])는 단면이 별 모양이라 '별사과, 오렴자(五斂子:[wǔliǎnzi])'라고도 불리며 안 익었을 때는 초록색을 띠며 새콤한 맛이 나고 노랗게 익을수록 단맛이 난다.

꾸냥(姑娘:[gūniáng])은 동북지방에서 많이 나는데 빨간색과 노란색 두 종류가 있다. 노란 껍질을 벗기면 탱글탱글한 알맹이가 나온다. 한국에서는 꽈리라 불린다.

룽옌(龙眼:[lóngyǎn])은 거칠거칠한 껍질이 용의 피부를 닮았고 껍질을 까면 용이 눈을 뜨듯 과즙과 함께 둥글둥글 과육이 나온다. 리치와 겉도 속도 비슷하게 생겼는데 서로 다른 과일이다.

아이들이 좋아하는 과일이나 먹고 싶은 과일이 있는지 물어보고 중국어로 과일 이름을 배우는 것을 알려준다.

A: 你喜欢什么水果?

(무슨 과일 좋아해?)

니 시환 썬머 쉬이궈어?

B: 我喜欢哈密瓜

(나는 메론을 좋아해.)

워 시환 하미과

A: 你想吃什么水果?

(무슨 과일이 먹고 싶어?)

니샹츠썬머 쉬이꿔어?

B: 我想吃榴莲

(나는 두리안을 먹고 싶어.)

워샹츠 리우리엔

★ 과일 용어

哈密瓜 메론 [hāmìguā] 하미과

火龙果 용과 [huǒlóngguǒ] 훠룽궈

荔枝 여지 [lìzhī] 리쯔

琵琶 비파 [pípá] 피파

柚子 유자 [yòuzi] 유우즈

榴莲 두리안 [liúlián] 리우리엔

罗汉果 나한과 [luóhànguǒ] 뤄한구워

山竹果 망고스틴 [shānzhú guǒ] 싼주궈어

杨桃 스타후르츠 [yángtáo] 양토우

五斂子 오렴자 [wǔliǎnzi] 우렌즈

姑娘 꽈리 [gūniáng] 꾸냥

龙眼 용안 [lóngyǎn] 룽옌

꽈리 •
• 荔枝 [lìzhī] 리쯔
여지 •
• 罗汉果 [luóhànguǒ] 뤄한구워
오렴자 •
• 龙眼 [lóngyǎn] 룽옌
나한과 •
• 五敛子 [wǔliǎnzi] 우롄즈
용안 •
• 姑娘 [gūniáng] 꾸냥

두리안 •　　　　• 柚子 [yòuzi] 유우즈

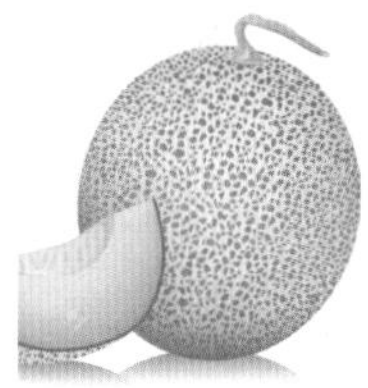

메론 •　　　　• 榴莲 [liúlián] 리우리엔

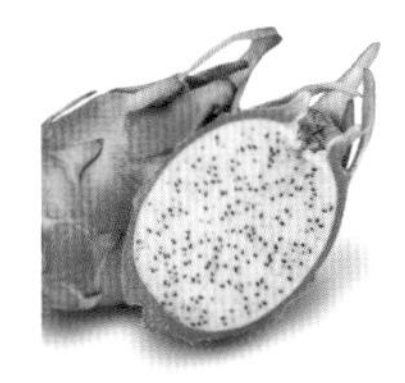

용과 •　　　　• 哈密瓜 [hāmìguā] 하미과

비파 •　　　　• 火龙果 [huǒlóngguǒ] 훠룽궈

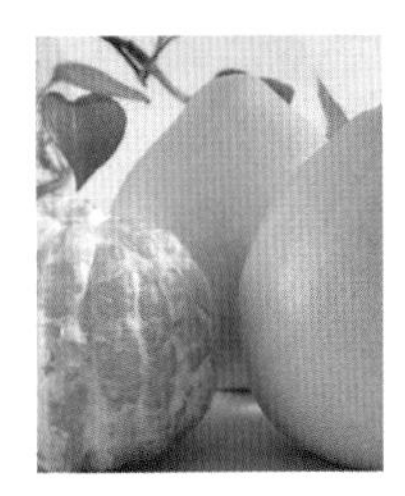

유자 •　　　　• 琵琶 [pípá] 피파

- 05 -

알록달록 중국어 색깔 놀이

아이스크림의 색을 중국어로 말해보자.

红色(빨강) [hóngsè]

黄色(노랑) [huángsè]

绿色(초록) [lǜsè]

紫色(보라) [zǐsè]

天蓝色(파랑) [tiānlánsè]

黑色(검정) [hēisè]

白色(흰색) [báisè]

橘黄色(주황) [júhuángsè]

褐色(갈색) [hèsè]

金色(황금) [jīnsè]

灰色(회색) [huīsè]

粉红色(분홍색) [fěnhóngsè]

红色 (빨강) [hóngsè]
黄色 (노랑) [huángsè]
绿色 (초록) [lǜsè]
紫色 (보라) [zǐsè]
天蓝色(파랑) [tiānlánsè]
黑色(검정) [hēisè]
白色(흰색) [báisè]
橘黄色(주황) [júhuángsè]
褐色(갈색) [hèsè]
金色(황금) [jīnsè]
灰色(회색) [huīsè]
粉红色(분홍색) [fěnhóngsè]

치파오는 청나라를 건국한 만주족 기인들이 입던 긴 옷인 창파오(長袍)에서 유래하였다. 즉 중국의 주류 민족인 한족(漢族)이 아닌 소수민족인 만주족에서 유래가 된 것이다. 한족이 만주족들이 입던 옷을 치파오라고 부르기 시작하며 치파오가 중국의 대표 의상이 되었다. 청나라 초, 수도를 베이징으로 이전하면서 중원에 보급되었다. 청나라 후기에 한족이 만주족의 옷차림을 모방하면서 인기를 얻게 되었다. 한족은 팔기제에 속한 사람들을 뜻하는 치런(旗人, 기인)이 입는 옷이라고 하여 치파오라 부르게 되었다.

치파오는 여자들이 입는 몸에 딱 맞는 원피스 형태의 옷이며, 치마에 옆트임을 주어 실용성과 여성미를 강조하였다. 창파오는 남자들이 입는 긴 두루마기 형태의 옷이다. 기마민족이었던 만주족이 편하게 활동할 수 있도록 한 것이다. 처음의 치파오는 소매가 넓었다. 치파오는 화려한 색상과 아름다운 디자인을 가지고 있다는 것이 특징이다. 치파오의 본래 형태는 발목을 넘는 길이의 옷이었지만 현대에서는 치마와 소매의 길이 등 다양하다.

-06-

단어 카드를 이용한 물고기 낚시 놀이

대상연령 : 만 3세~10세

준비물 : 단어 카드, 나무젓가락, 털실(또는 가는 끈), 자석, 클립

방법 :

1) 주변의 다양한 인쇄물을 함께 보면서 아이가 아는 글자를 찾아 읽어 보고, 글자 낚시 놀이를 제안한다.

"○○가 좋아하는 과자네. 여기 과자 이름이 적혀 있다. 우리 함께 읽어볼까?"

"○○가 알고 있는 글자들을 오려서 재미있는 글자 낚시 놀이를 해보는 거 어때?"

2) 인쇄물의 글자를 오려 클립을 끼운다.

3) 나무젓가락에 끈으로 자석을 달아 자석 낚싯대를 만든다.

4) 아이와 자석 낚싯대를 가지고 글자 낚시 놀이를 해본다.

"우와. 낚싯대에 글자가 붙었네. 맞아! 그렇게 클립 가까이에 낚싯대를 대면 쉽게 낚을 수 있단다."

"엄마는 '기!', '차!'라는 글자를 잡았다."

"○○는 어떤 글자를 잡았니?"

"이번에는 '복'자를 잡아볼까? 어디 있을까?"

5) 아이와 글자를 읽어보고 다양한 낱말을 만들어본다.

"여기 '행'자랑 '복'자를 합쳐서 읽으니깐 정말 '행복'이 되었네."

"또 어떤 글자를 만들 수 있을까? 함께 찾아보자."

Tip :

1) 아직 읽기가 능숙하지 않은 경우에는 아이가 읽을 수 있는 쉽고 익숙한 글자나 인쇄물을 활용해 자료를 만드는 것이 좋다. 낱글자보다는 단어를 오려서 사용하는 것이 좋다.
2) 수수께끼를 내서 그 단어를 찾아보거나 찾은 단어를 따라서 써보기, 내가 원하는 단어를 적고 잘라서 새로운 낚시 놀이 만들기 등 다양하게 놀이를 확장할 수 있다.

◇ 교육적 효과

– 다양한 글자를 찾아보고 찾은 글자를 읽고 듣고 말하고 써보는 과정을 통해 통합적으로 언어 능력이 향상된다. 또 놀이를 통해 자연스럽게 한글과 친숙해지고 관심도 커지면서 글자 학습에 대한 자발적인 동기가 유발된다.

– 낚싯대로 클립을 낚으면서 눈과 손의 협응력을 기를 수 있고 소근

육이 발달된다.

– 게임을 즐기고 여러 가지 방법으로 놀이를 확장하는 경험을 통해 다양한 규칙성을 이해하고 새로운 방법을 생각해보면서 인지적 능력을 향상시킬 수 있다.

'아이는 놀면서 성장한다'는 말처럼, 아이는 놀이를 통해 다른 이와 어울리는 법을 배우고 몸과 마음도 한 뼘 더 자라게 된다. 하지만 퇴근 후 지친 몸을 이끌고 아이와 놀아주기란 여간 어려운 일이 아니다. 함께 아이와 놀아주고 싶은데 어떻게 놀아줘야 할지 고민인 부모들을 위해 다양한 놀이법을 소개한다. 찾으면 저녁 시간 아이와 즐길 수 있는 다양한 놀이법을 만날 수 있다.

잡지, 과자 봉지, 신문 등 우리 주변에는 늘 다양한 인쇄물이 있고, 인쇄물 안에는 친숙한 글자들이 있다. 한글을 열심히 외우며 공부하지 않더라도 주변의 다양한 자료의 글자를 활용한다면 재미있게 놀면서 한글을 배울 수 있다. 익숙한 글자에 클립을 달아 글자 낚시 놀이를 해보자. 내가 낚은 글자를 읽어보고 새로운 낱말로 조합해보며 재미있게 한글을 익히는 기회가 될 것이다.

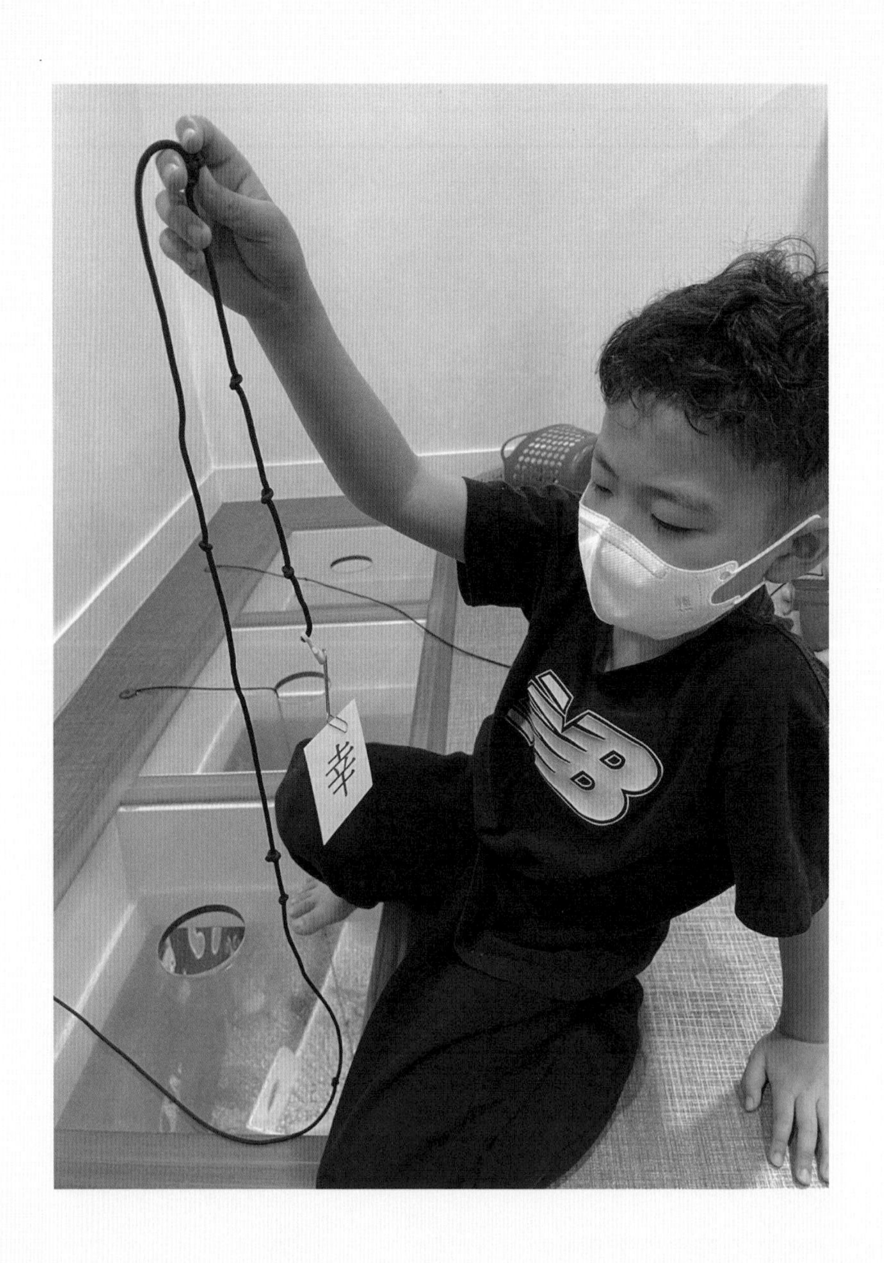
幸

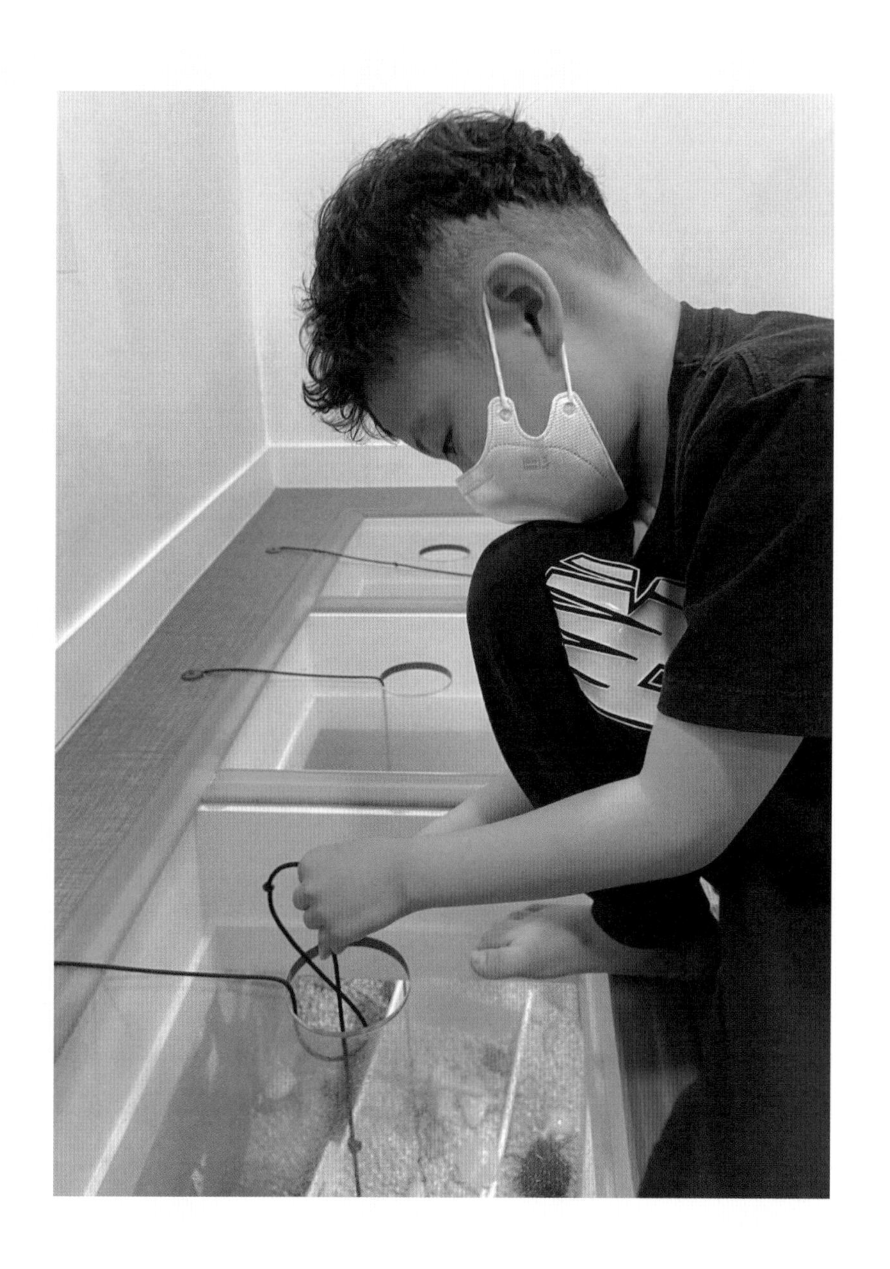

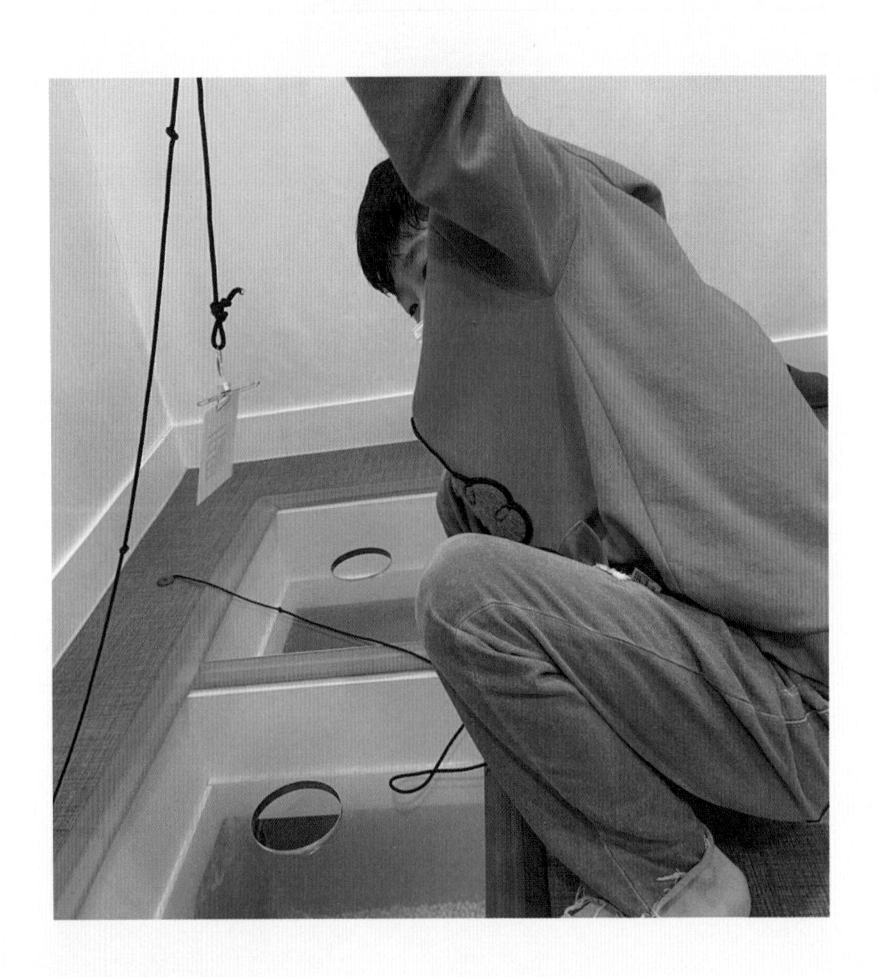

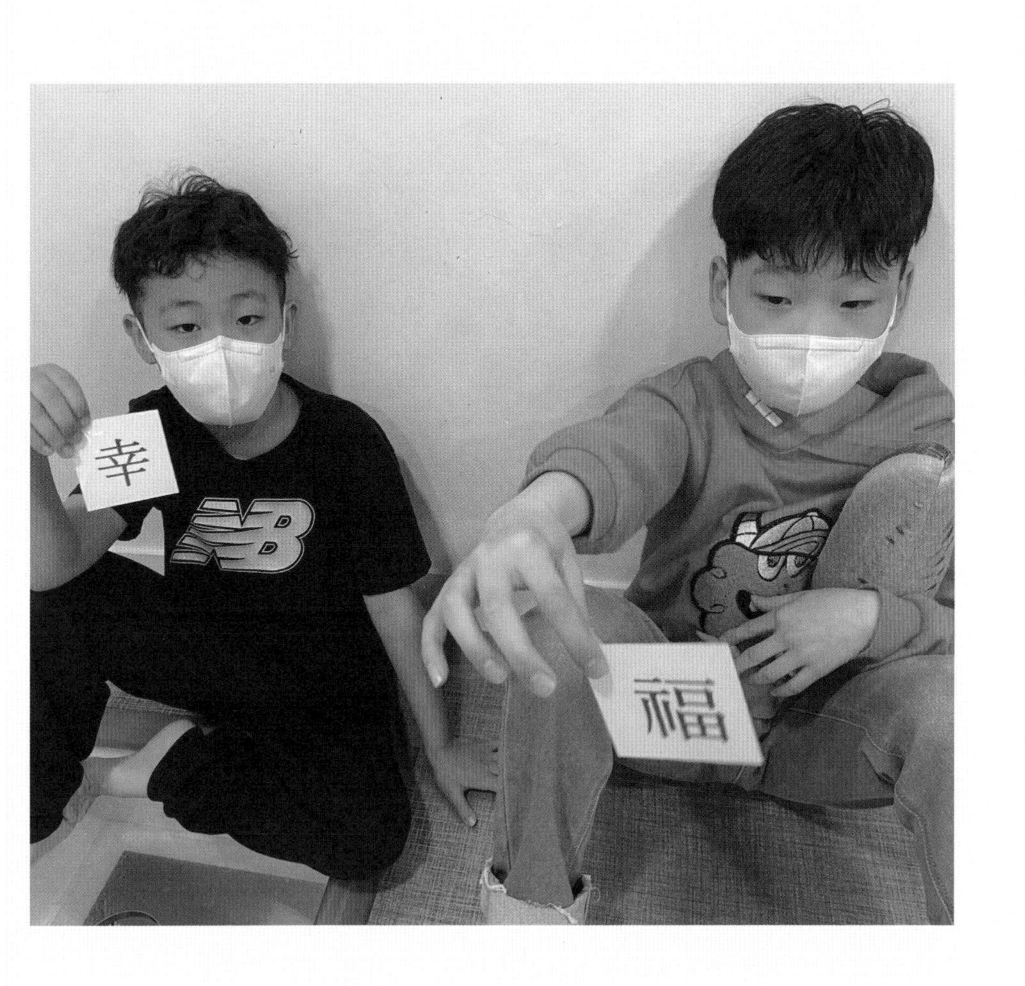
幸
福

- 07 -

창의력 키우는 쿠킹 클래스

① 탕후루 만들기

탕후루는 산사나무 열매에 달콤한 시럽을 발라 굳혀 만드는 것으로, 중국 북경 지역의 대표 간식이다. 본래는 송나라 때 시작된 황궁의 음식으로 병에 걸린 황제의 애첩이 산사나무 열매와 설탕을 함께 달여 식전에 먹은 후 완쾌됐다는 소문이 전해지면서 대중화됐다. 국내에도 딸기, 귤, 바나나, 키위, 포도 등 다양한 과일들을 이용한 탕후루를 길거리 음식으로 접할 수 있다. 집에서도 쉽게 만들어 먹을 수 있는 간식이다.

재료 : 딸기 열 개, 설탕 200g, 물 100㎖, 나무 꼬치 또는 젓가락

만드는 과정 :

1) 과일을 깨끗이 씻고, 나무 꼬치에 끼운다.

2) 냄비에 설탕, 물을 넣고 (약불로 10분 정도) 약간 걸쭉해질 때까지 끓여준다.

3) 과일을 끼운 나무 꼬치에 설탕물을 골고루 적셔준다.

4) 호일 위에 꼬치 간격을 주고 서늘한 곳에서 과일 꼬치의 설탕물이 굳을 때까지 기다린다. 그럼 완성!

② 과자에 글쓰기

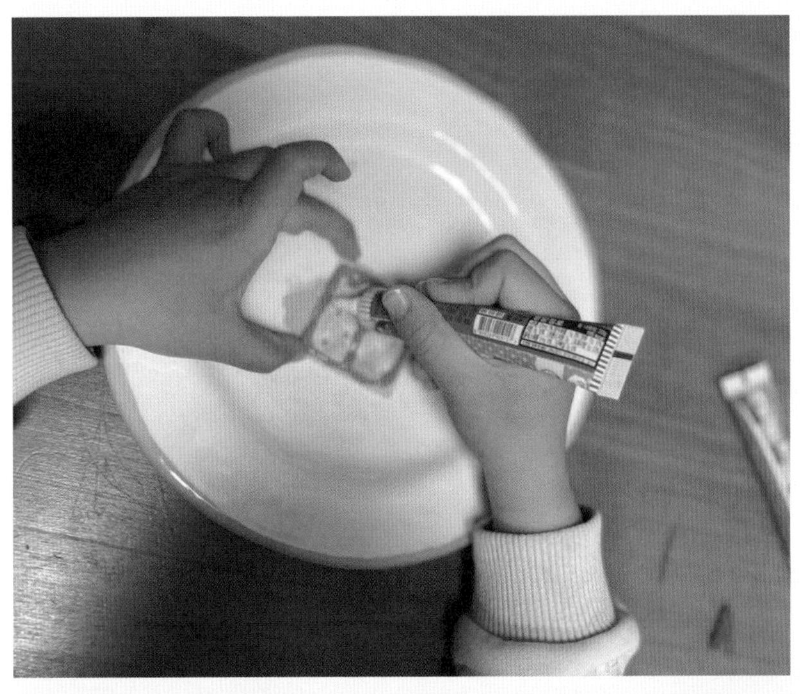

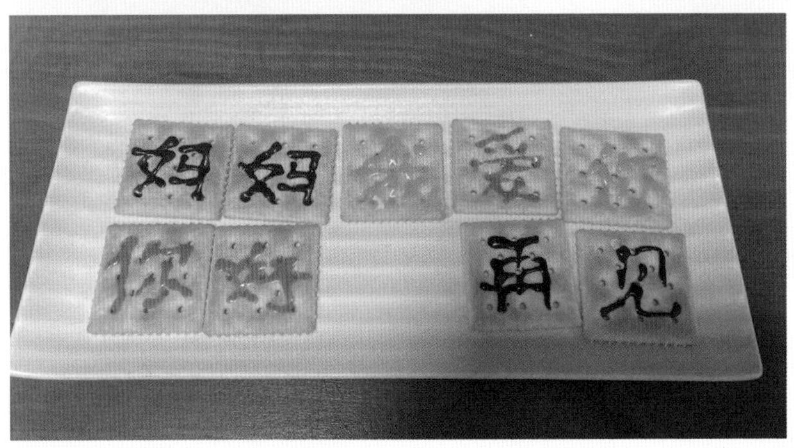

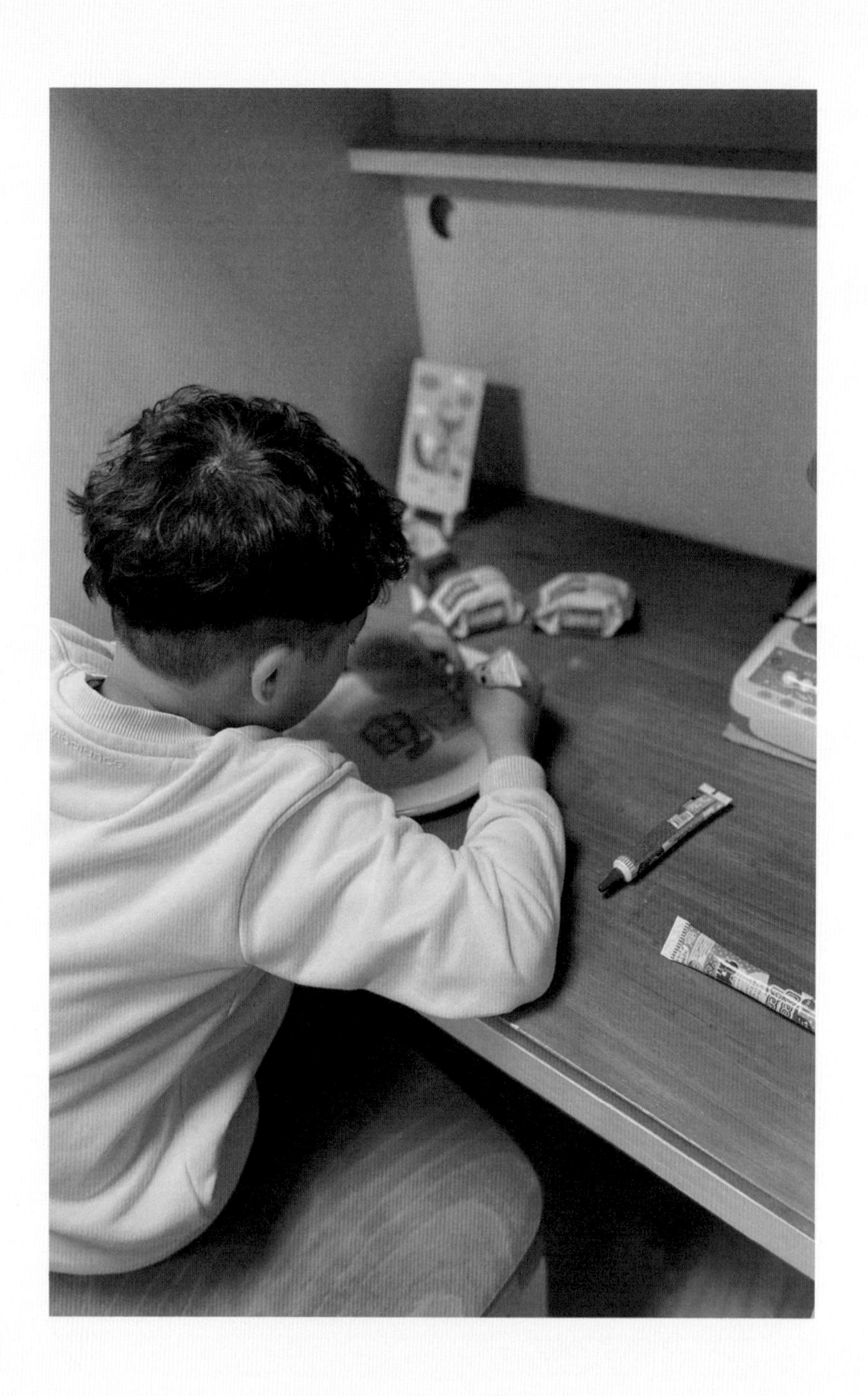

- 08 -

손가락으로 표현하는 중국어 숫자 공부

중국어 숫자를 손으로 표현하는 방법을 배워보자. 중국 시장에 가면 흥정하는 장면에서 흔히 볼 수 있다. 중국 사람들과 숫자 관련해서 이야기 할 때 유용하게 활용한다. 중국을 여행할 때 현지에서 꼭 사용해 보길 바란다.

다음 페이지의 숫자 손그림을 사용해 익히고, 선긋기 활동을 해보자.

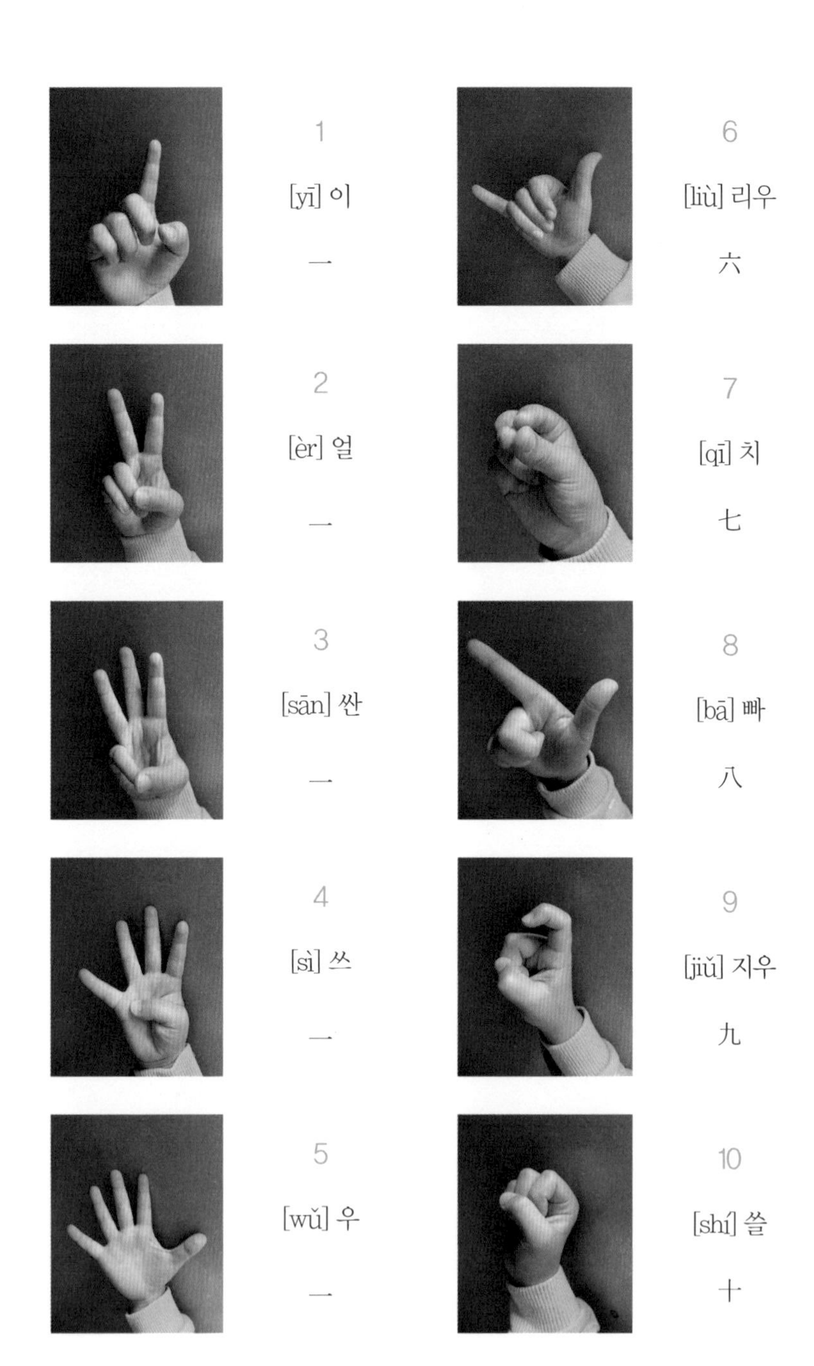
1
[yī] 이
一
2
[èr] 얼
一
3
[sān] 싼
一
4
[sì] 쓰
一
5
[wǔ] 우
一
6
[liù] 리우
六
7
[qī] 치
七
8
[bā] 빠
八
9
[jiǔ] 지우
九
10
[shí] 쓸
十

• 3 三 [sān] 싼

• 2 二 [èr] 얼

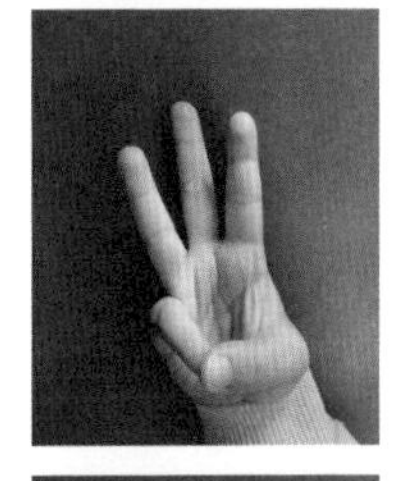

• 5 五 [wǔ] 우

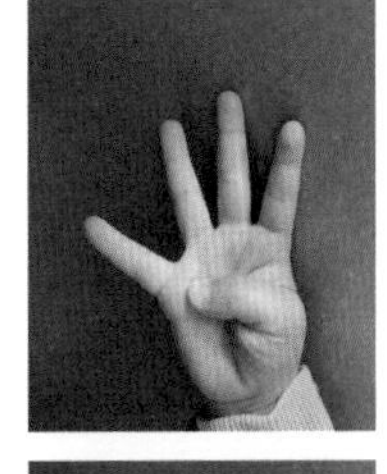

• 4 四 [sì] 쓰

• 1 一 [yī] 이

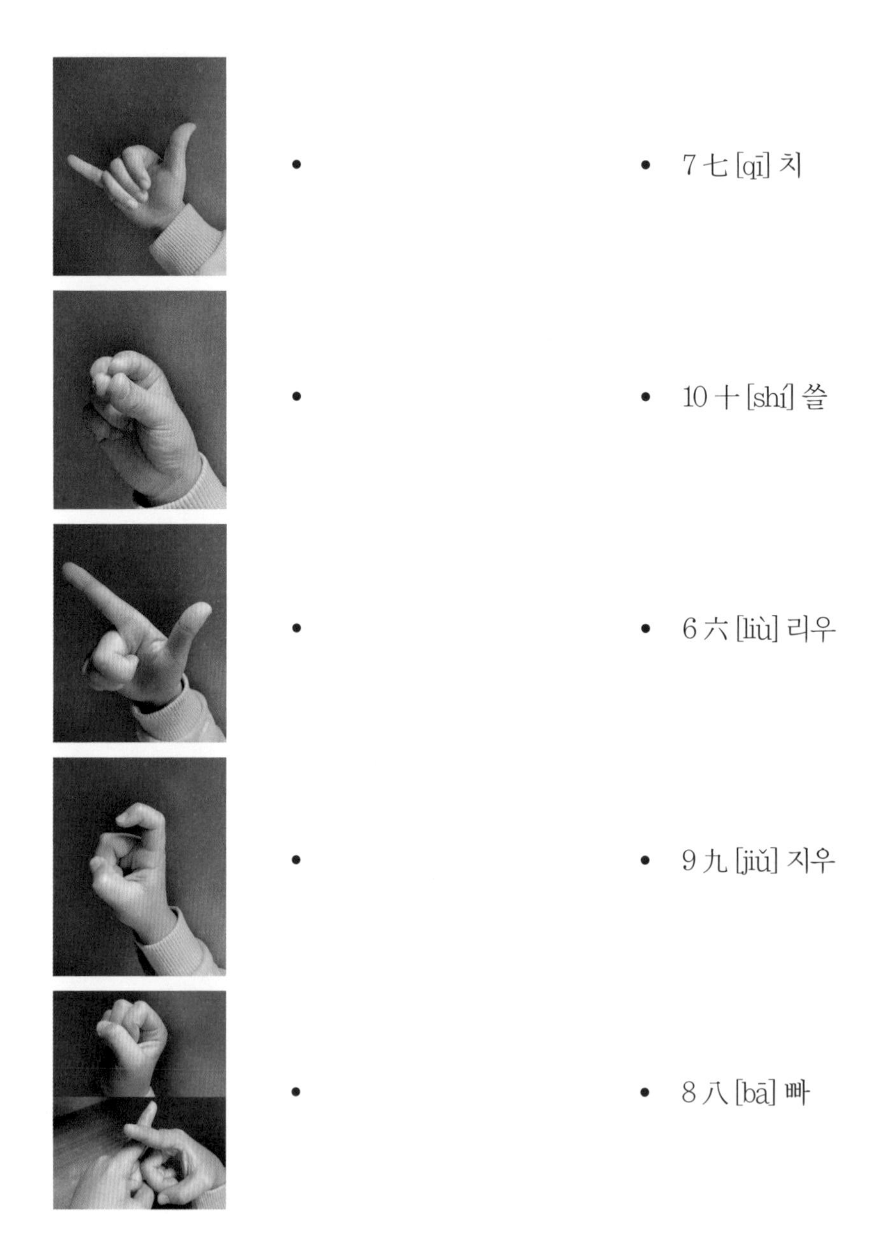
7 七 [qī] 치
10 十 [shí] 쓸
6 六 [liù] 리우
9 九 [jiǔ] 지우
8 八 [bā] 빠

〈十个印第安小朋友 (열 꼬마 인디언)〉

一个 两个 三个 印第安 (한 꼬마, 두 꼬마, 세 꼬마 인디언)

[yí ge liǎng ge sān ge yìndiān]

이거, 량거, 싼거 인디언

四个 五个 六个 印第安 (네 꼬마, 다섯 꼬마, 여섯 꼬마 인디언)

[sì ge wǔge liù ge yìndiān]

쓰거, 우거, 리우거 인디언

七个 八个 九个 印第安 (일곱 꼬마, 여덟 꼬마, 아홉 꼬마 인디언)

[qī ge bā ge jiǔ ge yìndiān]

치거, 빠거, 지우거 인디언

一共十个人 (열 꼬마 인디언)

[yígòngshígerén]

이꽁 스거런

누구나 따라하는 놀이 중국어 실전 활용법

- 01 -

보드게임으로 중국어 익히기

① 카드 게임

게임 소개 : 카드의 그림과 위치를 잘 기억해 같은 그림 카드를 가장 많이 찾아내는 사람이 이긴다.

게임 규칙 : 그림 카드를 잘 섞은 후 그림이 모두 보이도록 카드를 펼쳐 놓는다. 아이는 펼쳐진 그림 카드 중에서 같은 그림 한 쌍을 찾아 가져간다. 아이가 같은 그림 쌍을 모두 찾으면 게임이 끝난다.

게임 방법 :

1) 그림 카드 48장을 잘 섞어 뒷면이 보이게 바둑판 모양으로 바닥에 놓는다.

2) 차례가 되면 바닥에 있는 카드 두 장을 펼쳐 같은 카드인지 확인한다.

3) 펼친 카드 두 장이 같은 카드라면, 그 카드 두 장을 가져가고 다시 카드 두 장을 펼쳐 같은 카드인지 확인한다.

4) 펼친 카드 두 장이 같은 카드가 아니면, 제자리에 뒷면이 보이게 되돌려 놓고 차례를 마친다. 다음 사람이 자기 차례를 진행한다.

5) 같은 그림 카드를 모두 찾아내 바닥에 카드가 없으면 게임이 끝난다.

② 기억력 게임

준비물 : 게임판 1, 그림카드 10, 덮개 16, 모래시계 1

게임 방법 :

1) 게임판에 그림카드를 끼운다.

2) 게임판을 가운데 두고 게임을 시작한다. 모래시계를 돌려 모래가 모두 떨어질 때까지 그림 카드의 위치를 모두 기억한다.

3) 모래시계가 모두 떨어지면 카드 덮개로 게임판을 모두 덮는다. 가위바위보 해서 플레이어를 정한다.

4) 플레이어는 자신의 순서에 두 개의 덮개를 들어올린다. 들어올린 카드 덮개 속 그림이 서로 같거나 서로 연관된 그림일 경우 플레이어는 들어올린 위치의 덮개 2개를 가지게 된다. 만약 두 그림이 서로 다르거나 연관이 없을 경우 순서는 다음 플레이어에게 넘어간다.

5) 게임은 모든 카드의 그림이 짝을 맞출 때까지 진행되며 게임이 끝나게 되면 가장 많은 덮개를 가진 플레이어가 이긴다.

백과사전에는 보드게임이란 블루마블과 같이 일정한 게임판(보드)을 두고 그 위에 몇 개의 말을 올려 정해진 규칙에 따라 진행하거나, 포커나 화투처럼 정해진 숫자의 카드를 통해 일정한 규칙에 따라 게임을 진행하는 종류의 게임을 모두 포괄한다. 세부적으로는 카드로 게임을 진행하는 카드 게임과 주사위 및 병마를 특징으로 하는 보드게임으로 나누기도 하지만, 통상적으로 둘 모두를 포괄하여 보드게임이라고 칭한다. 보드게임은 플레이어가 직접 대면하여 즐기기 때문에 주로 혼자 즐기게 되는 컴퓨터 게임과 다른 색다른 맛을 지니게 된다. 최근의 보드게임은 그 종류가 매우 다양해져서 1만여 종에 이르고 있으며, 영토 확장과 재산 증식에서 환경 보호, 남녀평등과 같은 친사회적 소재까지 그 포괄 범위가 매우 넓다. 보드게임의 주요 생산국과 소비국으로는 독일이 꼽히며, 현재 국내에서 인기 있는 여러 보드게임들 역시 독일에서 제작된 것이 다수를 차지하고 있다. 한국에서는 2000년 이후부터 보드게임방이 전국에 확산되면서 보드게임을 즐기는 문화가 크게 확대되고 있는 추세이다.

보드게임을 통한 놀이 중국어는 학습자의 흥미와 경쟁심을 자극하여 참여 동기를 유발한다. 놀이와 게임을 이용한 어휘 학습은 학습자를 학습 과정에 몰입하게 한다.

- 02 -

뚝딱 중국 전통 공예 지엔즈 만드는 방법

지엔즈는 가위와 종이를 가지고 만드는 재미있는 중국의 전통 공예이다. 한나라 이전부터 만들어왔다고 하니 정말 오래된 전통 공예이다. 중국에는 여러 색의 종이를 오려서 여러 가지 아름다운 모양을 만드는 종이 공예가 있다. 바로 지엔즈라고 한다.

지엔즈는 중국에서 명절을 보낼 때나 좋은 일이 있을 때 서로의 복을 빌어주는 좋은 선물이 된다. 벽, 창문, 거울 등에 붙여서 예쁜 장식으로 많이 사용하고 있다. 그럼 다음 그림을 보면서 함께 만들어보자.

준비물 : 색종이, 가위

만드는 순서 :

1) 종이를 반으로 접기

2) 도안을 그리기

3) 실선을 따라 가위로 오리기

4) 종이를 펴주면 지엔즈가 완성

1)

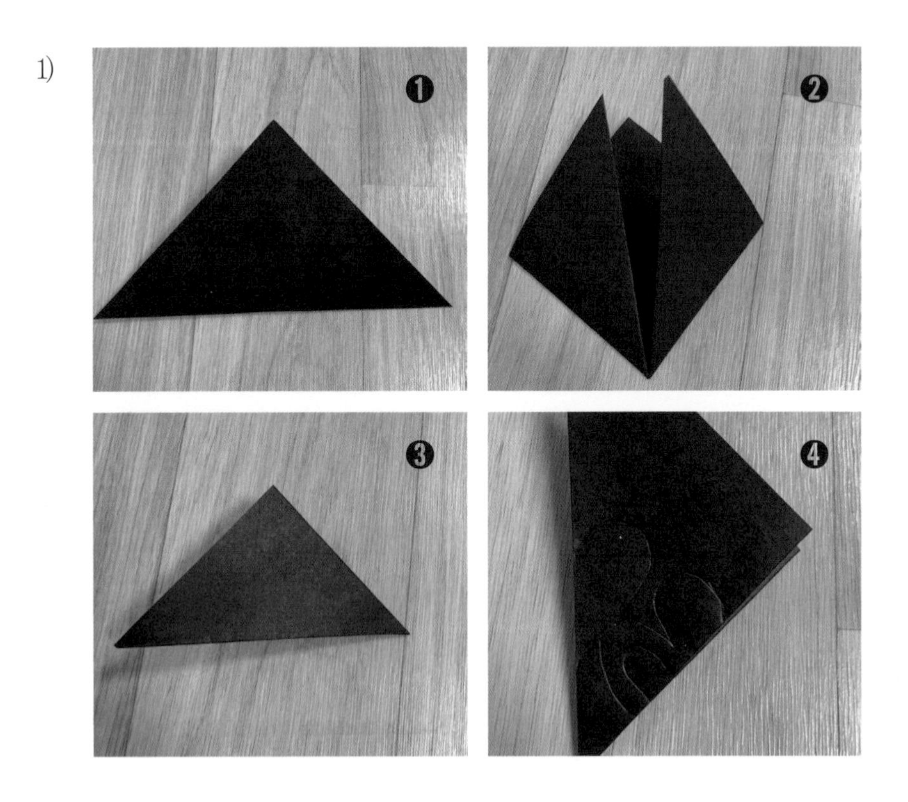

2)

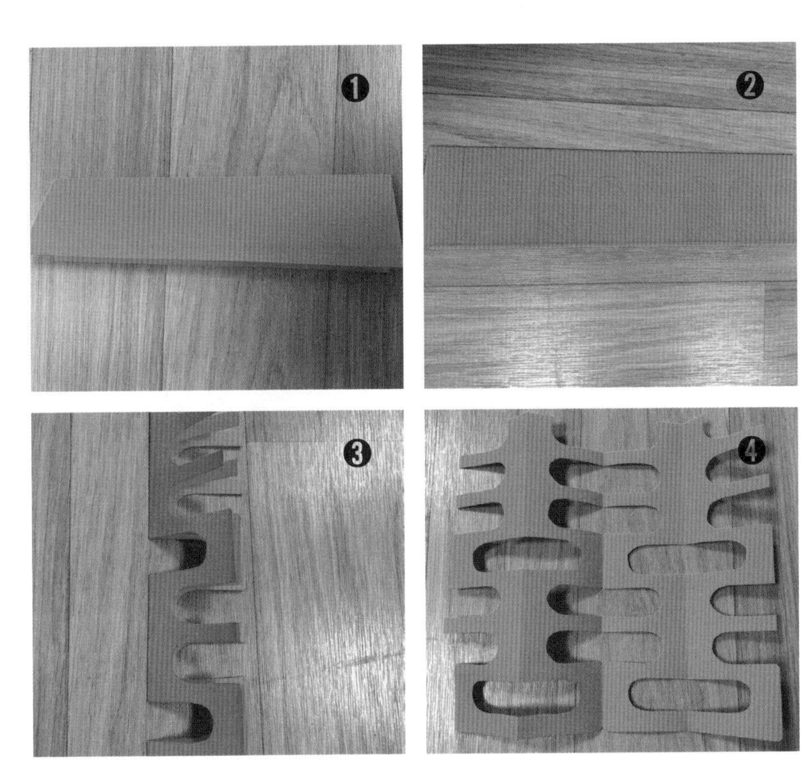

3)

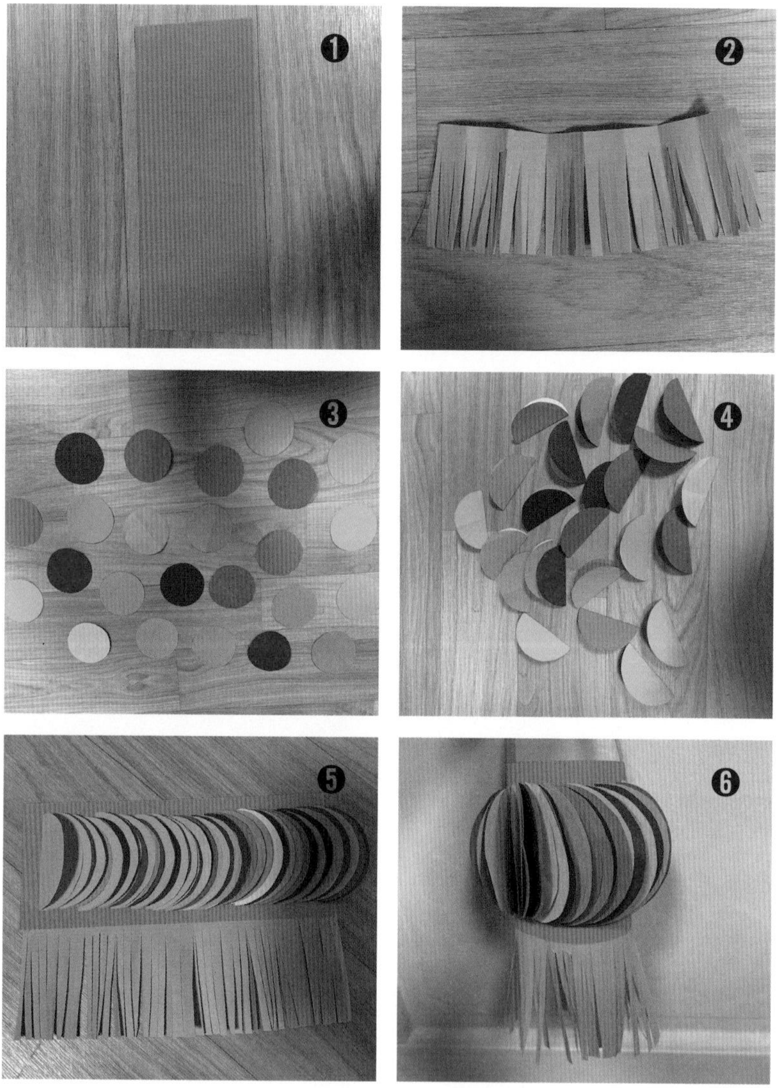

❶ ❷ ❸ ❹ ❺ ❻

-03-

찬트와 노래를 이용한 어휘 강화 학습 놀이

빈칸에 알맞은 한어병음을 넣고, 큰소리로 따라 불러 봅시다.

〈家族歌(가족송)〉 [Jiāzú gē]

爸爸的爸爸叫什么? 爸爸的爸爸叫爷爷。

[Bàba de bàba jiào shénme? Bàba de bàba jiào yéye]

爸爸的妈妈叫什么? 爸爸的妈妈叫奶奶。

[Bàba de māma jiào shénme? Bàba de māma jiào nǎinai]

爸爸的哥哥叫什么? 爸爸的哥哥叫伯伯。

[Bàba de gēge jiào shénme? Bàba de gēge jiào bóbo]

爸爸的弟弟叫什么? 爸爸的弟弟叫叔叔。

[Bàba de dìdi jiào shénme? Bàba de dìdi jiào shūshu]

爸爸的姐妹叫什么? 爸爸的姐妹叫姑姑。

[Bàba de jiěmèi jiào shénme? Bàba de jiěmèi jiào gūgu]

妈妈的爸爸叫什么？妈妈的爸爸叫外公。

[Māma de bàba jiào shénme? Māma de bàba jiào wàigōng]

妈妈的妈妈叫什么？妈妈的妈妈叫外婆。

[Māma de māma jiào shénme? Māma de māma jiào wàipó]

妈妈的兄弟叫什么？妈妈的兄弟叫舅舅。

[Māma de xiōngdì jiào shénme? Māma de xiōngdì jiào jiùjiu]

妈妈的姐妹叫什么？妈妈的姐妹叫阿姨。

[Māma de jiěmèi jiào shénme? Māma de jiěmèi jiào āyí]

★

外公 [wàigōng] 외할아버지

外婆 [wàipó] 외할머니

爷爷 [yéye] 할아버지

奶奶 [nǎinai] 할머니

阿姨 [āyí] 이모

姑姑 [gūgu] 고모

舅舅 [jiùjiu] 외삼촌

叔叔 [shūshu] 삼촌

伯伯 [bóbo] 큰아버지

爸爸 [bàba] 아빠

妈妈 [māma] 엄마

我 [wǒ] 나

爷爷 할아버지
奶奶 할머니
爸爸 아빠
妈妈 엄마
我 나

외할머니
외삼촌
叔叔 삼촌
阿姨 이모
姑姑 고모

-04-

뇌를 깨우는 숨은그림찾기

다음 페이지를 넘기면 나오는 그림 중, 다음 13개 단어들을 가리키는 그림을 찾아보자. 또한 그림에 맞는 단어를 소리 내어 읽어보자.

书包 (책가방) 쑤우바오우 [shūbāo]

铅笔 (연필) 체엔비 [qiānbǐ]

橡皮 (지우개) 샤앙피 [xiàngpí]

剪子 (가위) 제엔즈 [jiǎnzi]

尺 (자) 츠 [chǐ]

足球 (축구공) 주우츄유 [zúqiú]

飞机 (비행기) 페이지 [fēijī]

火车 (기차) 훠어처 [huǒchē]

汽车 (자동차) 치이처 [qìchē]

公共汽车 (버스) 꿍꿍치처어 [gōnggòngqìchē]

闹钟 (알람시계) 나오쭝 [nàozhōng]

计算器 (전자 계산기) 찌쏸치 [jìsuànqì]

笔盒 (필통) 비허어 [bǐhé]

- 05 -

시장에서 장보기 게임

A: 你买什么? (당신은 무엇을 살 거예요?)

니마이 선머? [nǐmǎi shén•me?]

B: 我买水果 (나는 과일을 살 거예요.)

워마이 쉬이꾸어. [wǒmǎi shuǐguǒ.]

A: 香蕉怎么卖? (바나나 어떻게 파세요?)

샹쟈오우 전머마이? [xiāngjiāo zěnmemài?]

B: 十块一斤 (한 근에 10원이에요.)

스콰이 이찐. [shíkuài yījīn]

A: 太贵了, 能便宜一点吗？(너무 비싸요. 조금 싸게 해 주실 수 있나요?)

타이꾸이러, 느엉펜이뎬마? [tàiguìle, néngpiányiyì diǎnma]

B: 可以 , 九块吧 (그래요. 9원에 줄게요.)

커이, 쥬콰이바. [kěyǐ, jiǔkuàiba]

과일 명칭을 바꾸어서 회화 연습을 해보자.

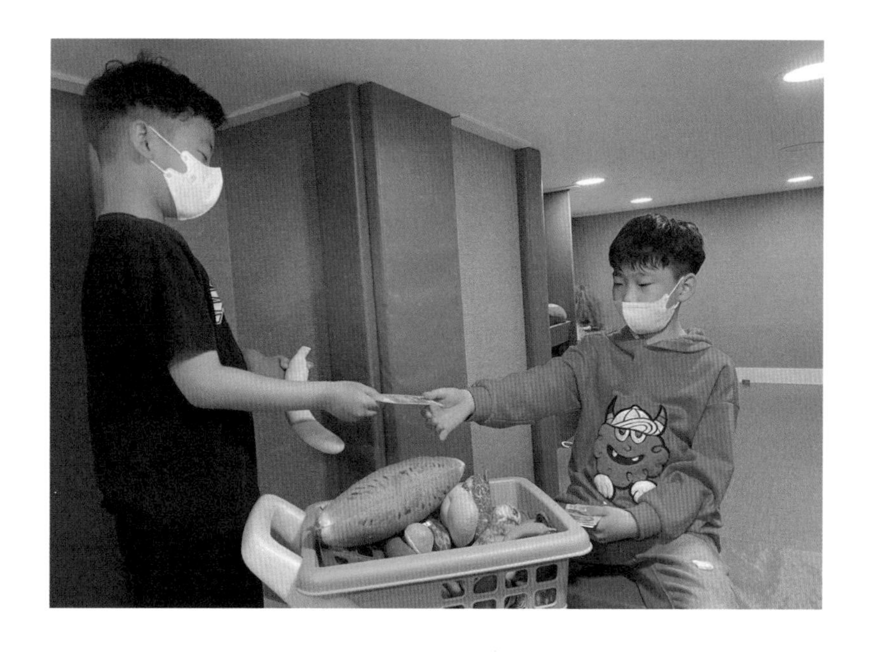

〈중국 화폐 단위〉

중국에서는 상황에 따라 글말 또는 입말로 화폐 단위를 표현한다. 块[kuài:콰이]는 元[yuán:웬]의 입말이다. 글말은 문서상에 사용하는 표현(문어체), 입말은 일상 대화에서 사용하는 표현(구어체)을 말한다.

- 06 -

카드 뒤집기 기억력 게임

카드 뒤집기 기억력 게임은 중국어 단어 암기시키는 데 많은 도움이 된다. 가위바위보를 해서 이긴 사람이 먼저 카드를 뒤집는다.

1. 20장의 카드를 골고루 섞은 뒤 뒷면이 보이게 뒤집어준다.
2. 번갈아 가며 카드를 앞면이 보이게 뒤집어준다.
3. 이때 같은 한자가 나오면 성공! 한자를 읽고 뜻을 말하고 가져간다.
4. 다른 그림이 나오면 실패! 다시 뒤가 보이게 뒤집고 다음 사람의 차례로 넘어간다.
5. 모든 카드가 뒤집어 지면 가지고 있는 카드 수가 많은 사람이 이긴다.

教室
学校
教室
学校
王子
王子

韩国
兄弟
韩国
兄弟
父母
父母

学校
学校
韩国
教室
兄弟
父母

5장

중국어 놀이를 하면 달라지는 것들

- 01 -

아이가 주도적으로 변한다

우리 아이들은 성장하는 존재이다. '주도적'이라는 단어의 의미는 "전체적인 학습 과정을 학습자가 자발적으로 이끌어 나가는 학습, 학습 경험을 계획하고 수행하고 평가하는 일차적인 책임을 학습자가 맡는 학습이다."라고 국어사전에 나와 있다.

선택하고 판단할 기회를 줘야 아이도 스스로 생각하게 된다. 스스로 생각하고, 선택하고, 경험해본 아이와 그렇지 못한 아이의 사회성은 큰 차이가 난다. 엄마의 성급한 참견과 도움으로 성공만을 경험하는 것보다 실패하더라도 스스로 선택해보는 것이 아이에게는 더 값진 경험이 된다. 놀이의 주인공은 바로 '나'다.

흥미를 갖도록 교육할 수 있다면 언어를 쉽게 배우는 취학 전 어린이들의 중국어 교육은 분명히 큰 효과를 기대할 수 있다. 중국어를 거부하는 아이들도 동기부여 해주고 부모님의 조력이 뒷받침되어주면 아이는 언제 그랬냐는 듯이 즐겁게 중국어 자기 주도 학습을 할 수 있다. 그렇다고 우리 아이가 모든 걸 혼자, 스스로, 알아서 하는 것은 아니다. '정서적 안정과 동기부여'가 가장 중요하다.

내 아이의 수용 능력을 가늠해보고 그 단계별로 채워나가는 것이 중요하다. 내 아이가 무엇에 집중하고 있는지 알아야 한다. 만약 놀이 중국어에 몰입하면 크게 리액션으로 칭찬해주자. 아이의 관심사를 함께 찾아주는 역할을 부모가 해야 한다.

'엄마 주도적 집중'에서 시작하더라도 조금씩 스스로 하는 습관을 몸에 익혀 자기 주도적 집중으로 옮겨갈 수 있도록 해야 한다. 자기 주도적으로 변화의 단계가 있다. 그 단계는 아래와 같다.

1단계: 놀이 중국어를 재미있어 한다.

2단계: 재미있어서 흥미를 느낀다.

3단계: 흥미가 습관으로 변한다.

4단계: 놀이 중국어 시간을 기다린다.

5단계: 아이 스스로 놀이 중국어 시간에 적극 참여한다.

6단계: 엄마와 아이가 소통이 잘 된다.

7단계: 엄마와 아이가 행복해진다.

'자기 주도 학습'은 교과 공부를 잘하는 것만 의미하지 않는다. 친구들과 협동하고 부모님이나 선생님 말씀에 귀 기울이고 자기 물건을 잘 챙기며 학교 공부를 열심히 하는 것, 이 모든 일련의 것들이 '자기 주도 학습'이라고 할 수 있다. 이 책에서는 학교생활 적응을 위한 6~7세 아이들의 학습, 생활 습관 길들이기를 비롯하여 유치원 방학 활용법, 예비 초등학생을 둔 부모들에게 유용한 정보 등을 총망라하였다.

아이가 책을 좋아하지 않는 정말 중요한 이유를 놓치고 있는 건 아닌지 생각해볼 일이다. 혹시나 엄마가 책을 멀리하는 건 아닌가? 엄마가 책보다 드라마를, 책보다 스마트폰을 더 많이 보는 건 아닌가? 엄마가 먼저 TV를 끄고, 휴대전화를 내려놓고 책을 펼치는 순간 집안 분위기는 완전히 달라진다. 물론 집안일 하랴, 직장 생활하랴 몸이 열 개라도 모자랄 판이지만 그래도 엄마가 먼저 책을 펼쳐야 한다. 책을 읽었다고 해서 모두 책대로 되는 건 아니다. 그런데도 불구하고 엄마가 책을 읽어야 하는 이유는 아이와 소통하고, 공감하고, 나아가 아이는 아이대로, 엄마는 엄마대로 자신의 일상을 행복하게 살아가기 위함이다.

이제 우리 아이들의 '자기 주도 학습'을 위해 힘차게 출발해보자. 나는 자녀에게 어떤 엄마일까? 말이 통하면 마음도 통한다. 어떤 부모든 내 아이가 단순히 공부만 잘하는 아이로 커가길 희망하는 부모는 없을 것이다. 많은 부모가 '자존감이 높고, 마음이 건강한 아이로 자라게 하려면 어떻게 해야 할까?'라는 고민을 한다.

2019년 9월 서울로 이사 온 지 며칠 안 돼서 친구로부터 전화 한 통이 걸려왔다. 자기 집으로 나와 아들을 초대한다는 것이다. 이 친구는 아들 둘 키우는 엄마다. 오래전부터 언어와 교육에 대해 정말 관심이 많았다. 나는 작은 선물을 갖고 아들이랑 같이 그 집에 도착했다. 딩동! 벨을 누르는 순간 바로 문을 열어 우리 모자를 반갑게 반겨주었다. 그 엄마는 나와 대화를 하다가 이런 질문을 했다.

'만약 대한민국의 교육이 주입식이 아닌 아이들의 자기 주도 학습으로 바뀐다면 과연 어떤 일이 벌어질까?'

나도 이 문제에 대해 생각해보지 않은 것은 아니다. 아마 이 책을 읽는 여러분도 이런 생각은 한두 번 했을 것이다. 그는 아이에게 편안한 친구이자 길잡이 같은 역할을 해주며 묵묵히 아이를 지켜볼 때 아이가 정서적으로 안정을 찾으며 공부 의욕도 높아졌다고 한다. 그는 말했다.

"아이들의 자기 주도성이 발휘되면 사교육은 효용 가치가 떨어지지 않을까? 그리고 부모 배경 상관없이 개천에서 용 난다는 날이 다시 오지 않을까? 아이들이 자기 주도성을 발휘하면 어떤 환경에서도 원하는 공부도 할 수 있고 언어를 배우기 위해 굳이 어학연수를 갈 필요 없지 않을까? 그리고 아이들이 자기 주도성이 발휘되면 지금까지 해온 부모님들의 역할을 아이들이 스스로 알아서 할 수 있는 능력도 생기지 않을까?"

그때 '아~ 맞아. 그럼 우리 아이 자기 주도력 키우는 전략을 짜면 되겠다!'는 생각이 머리를 스치고 지나갔다.

인간은 누구나 다 스스로 원하는 것을 하고 싶어 한다. 남녀노소 불문이다. 공부도 마찬가지다. 아이가 스스로 흥미를 느껴 관심을 갖고 하나씩 배워나가면 스스로 학습 능력을 키워갈 때 자연스럽게 자기 주도 학습 능력이 향상된다. 이때 부모님이 자녀를 어떤 태도로 대하냐에 따라 결과는 크게 달라진다. 주입식으로 공부하라는 엄마의 잔소리는 공부하고자 하는 의욕까지 상실하게 만든다. 엄마가 조금만 신경 써도 우리 아이 자기 주도성을 키우는 실천을 할 수 있다. 『핀란드 부모혁명』이라는 책에 보면 자녀의 자기 주도성을 키우는 진단 테스트가 이렇게 나와 있다.

자녀의 자기 주도성을 키우는 부모 태도 진단

1. 아이가 실수하여 잘못했을 때도 꾸짖기보다는 애썼다고 격려하는 편이다.
2. 공부에 대한 의지를 강조하기보다 편안하게 공부할 수 있는 여건을 마련해주려고 노력한다.

3. 봉사활동 등을 함께해서 아이가 다양한 경험을 하고 보람을 느끼도록 한다.
4. 학교 준비물이나 방 청소는 아이 스스로 알아서 하게 하는 편이다.
5. 아이가 평소 무엇을 배우고 공부하는지 관심을 두고 자주 대화한다.
6. 아이에게 공부를 무작정 열심히, 잘해야 한다는 말은 하지 않는다.
7. 대화할 때, 아이의 입장에서 듣고 이해해주는 편이다.
8. 아이의 성적이 떨어지더라도 실망감을 나타내지 않는다.
9. 아이와 함께 보내는 시간을 즐거워하고 자주 함께하는 편이다.
10. 아이가 자신의 일을 스스로 결정하고 판단하도록 믿고 맡기는 편이다.
11. 아이와 갈등이 생겼을 때 피하거나 그냥 넘어가지 않고, 대화로 해결하려 한다.
12. 공부와 관련해서 아이에게 질문을 받으면 최대한 자세히 설명한다.
13. 좋은 성적보다는 꾸준히 공부하는 습관에 더 관심을 기울인다.
14. 공부 습관이나 성적 문제에 대하여 다른 집 아이와 비교하거나 잔소리 하지 않는다.
15. 사교육은 아이가 원하고 필요한 경우에 함께 상의하여 결정한다.

16. 아이가 즐겁고 재미있게 공부할 수 있는 방법에 대해 함께 고민하고 상의한다.

17. 아이의 고민을 끝까지 들어주고 스스로 문제를 처리하도록 도와준다.

18. 작은 일이라도 아이가 열심히 노력하면 반드시 칭찬을 해준다.

★

15개 이상 : 자기 주도적인 아이로 키우는 부모

8개 이상 ~ 14개 이하 : 갈팡질팡하고 있는 부모

7개 이하 : 아이의 공부를 어렵게 만드는 부모

이제 우리 아이들의 '자기 주도 학습'을 위해 힘차게 출발해보자. 나는 자녀에게 어떤 엄마일까? 말이 통해야 마음도 통한다. 아이에게 있어 최고의 교육은 부모의 사랑이다. 어떤 부모든 내 아이만큼은 지혜롭고 똑똑하고 자기 주도적인 아이로 자라기를 희망할 것이다.

"부모가 자기 삶을 귀하게 여기며 정성을 다할 때, 아이의 모습도 부모가 원하는 그 모습으로 변한다."

아이들은 부모의 거울인 것마냥 아이들은 부모님의 모습을 보며 똑같이 복사하며 자라기 때문이다. 주도적인 아이들은 외국어에 능통하고 세계 무대에서 자존감을 가지고 제 역할을 해나갈 수 있다.

-02-

아이는 더 큰 세상에서 꿈을 펼칠 수 있다

아이가 더 큰 세상에서 꿈을 펼칠 수 있게 되면 얼마나 좋을까? 어느 부모나 다 바라는 것이 아닐까? 당연하다. 하지만 부모의 양육법이 자녀의 인생을 크게 좌우한다. 필자는 이 문구의 '꿈'이란 글자만 봐도 가슴이 설레고 벅차오른다. 에너지가 솟아오른다. 부모라면 누구나 자신보다 소중한 자녀의 미래를 위해서 생각하게 된다. 나 또한 여덟 살 아들을 둔 엄마이기에 이런 부모의 마음을 누구보다 더 잘 알고 있다.

2018년 방탄소년단 앨범 중 〈LOVE YOURSELF〉란 제목으로 나온 앨

범이 전 세계를 놀라게 했고 UN에서도 RM이 영어로 연설을 했다. 그 이후로 슬로건이 되었다. "나 자신을 사랑하라", 자신을 사랑하는 게 얼마나 어렵기에 세상은 이렇게 자신을 사랑하라고 호소할까? 나 자신의 내면까지 끌어안아줄 수 있는 사랑말이다.

아이는 부모님의 믿음 속에서 우리 아이를 믿어주는 만큼 성장한다. 모든 일은 내가 할 수 있다고 생각하면 할 수 있고 내가 할 수 없다고 생각하면 할 수 없다. 사람들은 항상 불안해한다. 그리하여 엄마들은 우리 아이들을 믿어주라는 것이다. 자신에게 믿음과 사랑을 가진 사람은 다른 사람의 시선을 신경 쓰고 작아지지 않는다. 실수하고 실패를 하더라도 다시 시작할 수 있고, 다른 길을 찾는 힘이 있기 때문이다. 아이들이 자신에 대한 믿음과 사랑을 갖고 성장하도록 지켜주는 것이 부모의 역할이 아닐까 한다.

이제 글로벌 시대로 바뀌었다. 우리 아이가 대한민국에서만 성장하라는 법이 있는가? 저자는 다섯 살부터 아이를 데리고 해외여행을 1년에 두 번 정도 다녀오기 시작했다. 우리 아이에게 더 많은 세상을 보여주고 많은 경험을 쌓고 글로벌 시대의 리더로 키우고 싶어서였다.

상해 대한민국 임시 정부 유적지

아이가 일곱 살 무렵 본인 스스로 해외여행 갔다 온 것을 갖고 설명을 해준다. 예를 들어 상하이를 상징하는 랜드마크, 높다란 기둥을 중심축으로 구슬 세 개를 꿰놓은 듯 독특한 외형이 인상적인 동방명주 탑에 대해 이야기를 해준다. 동방명주 탑 꼭대기에 올라가면 주변의 초고층 건물들이 이루는 화려한 스카이라인과 황푸강을 바삐 오가는 선박 등 상하이 시내를 한눈에 조망할 수 있다. 처음에는 투명 유리를 밟으면서 무서워서 어찌할 바를 몰라했던 녀석이 찍은 사진을 보더니 신나서 설명해주고 있다. 상하이 대한민국 임시 정부 건물은 중국 내 남아 있는 가장 대표적인 청사이자 중요한 역사성을 간직한 곳이다. 상하이 도심의 뒷골목,

낡고 허름한 건물들 사이로 보이는 3층짜리 빨간 벽돌 건물이 바로 임시 정부 청사다. 관광객들은 정부 청사라는 이름이 주는 무게감과 달리 규모가 협소하고 초라한 모습에 놀라기도 한다. 현장에서 생생한 역사 공부를 할 수 있어 자녀를 동반한 가족 단위 관광객들이나 현장 학습단의 방문이 많다.

아이랑 여행도 여행이지만 역사, 중국 문화를 한 번에 잡을 수 있는 체험 학습에는 정말 이것보다 더 좋은 것은 없을 것이다. 여행을 가기 전에 그 나라, 도시에 대해서 좀 알고 가면 더 좋을 것이다. 읽고 느꼈던 것을 직접 가서 눈으로 시각화시키기 때문에 여행하면서 배우는 재미가 쏠쏠하다. 여행 갔다 와서 그냥 끝나는 것이 아니라 여행 동안 뭐가 제일 좋았는지, 왜 그것이 좋았는지에 대해 더 깊이 생각하고 더 많은 대화를 나누는 여행을 떠나라는 것이다. 언어 학습도 마찬가지다. 중국어를 잘하게 하려고 한다면 중국으로 떠나 여행하면서 우리 아이가 중국 문화에 관심 갖게 하고 중국어를 배우고 싶다는 마음이 생기게 하면 된다. 일방적으로 '무조건 중국어 공부해'가 아니라 자연스럽게 여행하면서 중국에 관심을 갖게 하면서 언어까지 좋아하게 하면 된다. 프란시스 베이컨 명언 중 "여행은 젊은이들에게는 교육의 일부이며 연장자에겐 경험의 일부이다”라는 말이 있다. 다시 말해 ‘여행은 나이 든 사람에게는 하나의 경험에 불과하지만, 나이 어린 사람에게는 최고의 교육이 된다’는 것이다.

4차 산업혁명과 함께 새로운 시대를 맞을 우리 아이들에게는 ‘아는 것이 힘’이 아닌 ‘알아내는 것’이 힘이 아닐까 싶다. 창의력과 인성, 문제 해결능력이 가장 필요한 시대에 이 같은 능력을 향상하기 위한 힘을 길러야 한다. 다람쥐 쳇바퀴 돌 듯 살지 않고 행복하게 살기 위해 창조성은 필요한 자질이다. 창조적으로 사는 사람이 위인, 위대한 사람인 것이다. 자신의 가치를 알고 삶의 방향을 정한 사람이 스스로 택한 선택에 집중하고 현실의 문제를 극복하고 새로운 가치를 만들어내는 최고의 능력을 가진다.

우리의 삶은 매 순간 선택의 연속이다. 선택하는 순간 뇌는 그 선택에 집중해 이룰 수 있는 상황을 만들어내기 시작한다. 선택의 의지가 강력하면 강력할수록 우리의 뇌는 더 강하게 반응한다. 뇌에서 생각을 구체화한 것이 언어이고, 그 언어를 실천에 옮기는 것이 행동이다. 따라서 부모가 아이의 뇌에 어떤 정보를 입력시키는가에 따라 아이가 무엇을 생각하고 무엇을 말하며 무엇을 행하는가가 결정된다. 아이의 스승이 되겠다는 원칙 아래 아이에게 홍익철학을 심어주겠다는 결심, 아이를 뇌의 주인으로 키우겠다는 원칙들을 충실히 다져가기 바란다. 그 결심이 얼마나 단단하냐에 인해 아이의 뇌력이 달라진다.

앞으로 최소 10년 후에는 어떤 세상이 펼쳐질까? 내 아이들이 청소년 시기를 거칠 때쯤이면 수능이라는 목표 하나만을 바라보지 않고 자신의 꿈을 맘껏 꿈꿀 수 있는 세상이 올 거라고 믿고 싶다. 이 작은 나의 소망이 시너지 효과가 되어 반드시 교육 선진국의 하나가 되어 우리 아이가 진정으로 행복하고 꿈과 희망을 자신이 좋아하는 것으로 펼칠 수 있게 말이다.

아이들의 꿈을 이룰 수 있는 3가지 요소가 있다.

첫째, 체력을 기르고
둘째, 자기 자신을 믿고
셋째, 사랑하는 심력을 갖추고 창조력을 발휘하는 뇌력을 키운다.

뇌력의 기준은 정보의 양과 질이다. 중요한 점은 뇌력이 단순히 지식이 많고 적음의 문제가 아니라는 것이다. 뇌력의 핵심은 정보를 판단하고 평가하는 정보, 다시 말해 철학이 있는가의 여부이다. 뇌 속의 정보가 바뀌면 생각이 바뀌고, 언어가 바뀌고, 행동이 바뀌고 운명이 바뀐다. 이 3가지 요소가 골고루 발달됐을 때 우리 아이가 삶의 주인이 되고 세상에 꿈을 펼쳐 사회의 주인공이 된다.

- 03 -

중국어는 부모가 아이에게 주는 최고의 선물이다

마이크 베이어의 『베스트 셀프』라는 책 속에 이런 문구가 적혀 있다. "당신의 자녀는 당신이 아니다. 최고 자아로서 사는 것이 어떤 것인지를 몸소 보여주어라. 자녀가 당신을 진실하다고 생각하면 당신을 본받을 것이다. 당신이 부모로서 부담해야 할 주된 책임 중 하나, 즉 당신이 자녀에게 줄 수 있는 멋진 선물 중 하나는 자녀가 자신의 삶을 살아가며 재능을 완전히 개화하도록 가르치는 것이다."라고 나와 있다. 누구나 자신의 재능을 자유롭게, 마음껏 펼치고 사랑하고, 사랑받으며 충만한 삶을 살아갈 수 있다면 얼마나 좋을까? 우리 아이의 미래를 미리 설계하면 10년을 더 앞서가는 것이다. 부모가 자녀에게 주는 선물은 배움이다.

'내가 엄마로서 아이에게 줄 수 있는 최고의 선물은 무엇일까?' 잠시 이 질문에 집중해보자. 그럼 질문이 꼬리에 꼬리를 물고 많은 답이 떠오를 것이다. 부모로서 한번 생각해본 적이 있는가? 어떤 분들은 '자녀에게 최고의 선물은 사랑을 듬뿍 주는 것이다.', 다른 분은 '밥 잘 챙겨주고 잘 놀아주면 최고다.' 어떤 부모님들은 본인이 어렸을 때 이루지 못한 꿈을 자신의 자식들에게 바라기도 하고, 어떤 부모님들은 욕심이 많아서 모든 것을 아이가 좋아하든 말든 다 시킨다. 저마다 생각은 가지각색이다. 필자는 이렇게 말하고 싶다. 엄마로서 우리 아이에게 줄 수 있는 최고의 값진 선물은 다음과 같다.

첫째, 중국어 배울 기회

둘째, 아이에게 주는 관심

셋째, 가르치는 놀이가 아닌 진짜 즐기며 하는 놀이

넷째, 기다려줄 수 있는 너그러운 마음

우리 아이에게 물론 아이 밥, 건강도 잘 챙겨주고 사랑 주는 것은 기본이다. 그것에 플러스로 중국어를 우리 아이에게 선물하라. 그러면 우리 아이의 삶과 미래가 달라질 것이라고 당당하게 말할 수 있다.

부모가 아이들에게 줄 수 있는 가장 소중한 선물은 아이들의 마음속에서 자연스럽게 존재의 의미에 대한 질문이 문득 생겨나게 하는 것이다. 그리고 아이들의 질문에 부모는 자신들이 경험한 인생을 바탕으로 지혜로운 대답을 해주는 것이다. 물론 부모님의 해답이 아이들에게 해당하는 답이라는 법은 없다. 아이들은 자신의 인생에서 새로운 해답을 구해야 한다. 부모를 향한 아이들의 신뢰와 존경심도 무럭무럭 자랄 것이다.

엄마들은 누구보다 자신의 자식이 잘되기를 바란다. 우리는 의식적으로나 무의식적으로 자녀에게 엄청난 영향을 미칠 수 있다. 그럼 여러분은 우리 아이에게 큰 꿈과 선물을 줄 수 있는 부모가 되어 있는가? 필자도 아이를 키우면서 정말 수많은 질문을 던지고 내면의 자신을 되돌아보는 시간을 갖곤 했다. 수많은 교육 프로그램도 참여하여 실천하며 도전하고 있다.

중국어를 배우는 모든 사람은 중국어를 잘하고 싶어서 배우겠지만 세

세한 목적은 다 제각각이다. 유학 가기 위해, 여행 준비를 위해, 취직을 위한 스펙을 쌓기 위한 준비로서 등등 필요에 따라 중국어 공부를 한다. 엄마라는 정체성을 가진 사람들의 중국어 공부 역시 남다르다. 오로지 아이를 가르치기 위한 중국어 공부에 초점이 맞춰질 것이다. 과연 엄마가 중국어를 잘하면 아이를 잘 가르칠 수 있을까? 꼭 그런 것만은 아니다. 중국어를 잘하게 하려면 중국어를 좋아하게 만들면 된다. 어렵게 생각하지 않아도 된다. 그 방법은 간단하다. 중국어를 좋아하게 하려면 중국어 선생님을 좋아하게 하면 된다.

사실 중국어를 할 때 엄마가 아이와 관계 설정이 가장 먼저다. 쉽게 생각하면 아이가 어떤 선생님을 좋아하냐 생각하면 답이 나온다. 그러면 선생님 대신 엄마로 바꿔서 보자. 나와 시간을 함께 보내고, 놀이로 공부를 즐겁게 할 수 있는 인정해주는 엄마를 좋아할 것이다. 내 이야기를 잘 들어주고 내 마음을 잘 알아주고 내가 필요할 때 옆에서 지켜주는 사람을 좋아한다. 아이의 생활을 잘 관찰하다 보면 상담 전문가 해도 될 수 있는 만큼 아이의 마음속을 잘 알아낸다. 아이가 뭘 좋아하는지 싫어하는지, 싫어하면 왜 싫어하는지 이유를 알아낸 후에는 아이가 좋아하는 방법으로 제시하면 된다. 대부분 아이들은 놀이를 좋아한다.

내가 출강 수업을 하다보면 아이들의 심리가 보인다. 수업 때 얼마큼 아이들이랑 잘 놀았느냐에 따라 아이들의 태도와 즐거움이 달라지고 질 높은 수업을 할 수 있다. 놀이를 성공적으로 활용하기 위해서는 아이들이 무엇을 잘하고 좋아하는지를 잘 알아야 한다. 아이들은 놀이에 재미를 느끼면 잘하고 싶어지기 마련이다. 엄마는 아이와 함께 있는 시간이 많은 만큼 아이에게는 전문가가 된다. 아이의 울음소리만 들어도 아이가 배고파서 우는지 아니면 배 아파서 우는지 울음으로 알 수 있다.

그렇게 유아기 때는 철저히 아이 입장에서 생각하다가 이상하게 공부만 시작하게 되면 아이 입장이 아닌 엄마 주장을 내세우는 경우가 많다.

엄마는 내 아이의 객관적으로 이해하고 중국어를 가지고 노는 방법에 관한 공부가 필요하다. 엄마가 중국어를 잘하지 못해도 겁먹을 필요가 없다. 중요한 것은 재미와 성의이다. 내 아이와 함께 중국어를 장난감 삼아서 가지고 놀 마음의 준비를 시작하면 된다.

'영어도 아니고 중국어를 어떻게 제가 가르칠 수 있나요?'라고 많은 엄마는 질문을 한다. 엄마표에 있어 영어와 중국어는 별 차이가 없다. 엄마표 놀이 중국어는 아이에게 완벽하게 실력을 선사하는 것이 아니다. 엄마가 완벽한 선생님이 될 필요가 없다. 엄마는 중국어를 몰라도 괜찮다. 목적은 엄마와 아이가 함께 중국어를 즐기는 과정에서 아이가 중국어에 흥미를 느끼게 하고 마음에 싹트게 하는 것이다.

소통을 통해 엄마와 아이는 다름을 인정해야 한다. 눈에 보이는 것을 확신하게 되면서 크게 실망을 하게 되는 경우가 많다. 실망을 한다는 것은 제대로 소통이 되지 않았기 때문이다. 아이를 이해하려는 마음을 가질 때 놀이가 다르게 표현되더라도 아이를 믿고 기다려줄 수 있게 된다. 아이를 먼저 생각하면서 바라봐주는 것이 진정한 소통일 것이다.

놀이중국어연구소 대표이자 여덟 살 아들 엄마인 저자는 아이와 집에서 중국어를 실천하며 따라 할 수 있는 방법을 책에다 담아냈다. 누구나 집에서 쉽게 따라 할 수 있다. 오늘부터 바로 시작해보자. 시작이 반이라는 말도 있듯이 지금 하지 않으면 앞으로도 하지 않을 것이다. 처음 시작하려 할 때 엄두가 나지 않았다면 이 책을 읽는 순간 도전해보자. 네이버 카페에 '놀이중국어연구소'를 검색해서 회원 가입하면 더 많은 정보를 얻을 수 있다. '놀이중국어연구소' 카페에 와서 서로 소통하길 바란다.

대표 김미성 약력

- 중국어 코치
- 베스트셀러 작가
- 동기부여 강연가
- 유아중국어 컨설턴트
- 놀이중국어 전문 강사
- 놀이중국어연구소 대표
- 씽씽중국어 공부방 대표

내 아이 중국어 교육은 욕심이 아니라 '필수'이다

놀이중국어연구소

대표 김미성

최근 세계 지도자들은 하나같이 중국과 중국어에 대한 투자를 강조한다. 과거 서양 기업의 제품이나 디자인을 베끼는 카피캣이 많았던 중국이 이제는 스스로 기수를 창조해 글로벌 시장을 선도하는 이노베이터로 거듭나고 있다. 세계의 공장으로 불리며 값싼 노동력에 의존해온 중국이 이제는 각종 첨단 기술을 내세우며 미국과 견줄 혁신의 메카로 변신하고 있다.

한 아이의 엄마로서 줄 수 있는 최고의 조언이 있다면 우리 아이에게 중국어를 가르치라는 것이다. 앞으로 미래의 지도자들은 중국어를 할 줄 알아야 한다.

중국어는 미래의 국제 언어다. 아이들이 세계를 무대로 꿈꿀 수 있게 하는 힘, 그것은 바로 중국어다. 외국어를 구사할 줄 안다는 것은 더 넓은 세계로 나아갈 수 있다는 것이다.

우리 아이들의 무대가 전 세계가 되길 바란다. 생, 바, 시(생각하고 바라보고 시도)할 수 있는 중국어가 모든 일에 디딤돌이 되어 우리 아이들 자신의 꿈에 중국어의 날개를 달고 당당히 도전할 수 있기를 희망하며 중국어로 세계 무대에 더 가까이 더 가까이!!!

-04-

아이와 부모의 유대 관계가 더욱 돈독해진다

부모라면 누구나 아이와의 관계에 있어 원만하기를 바란다. 아이들도 엄마와의 끈끈한 애착을 원한다. 애착이란 아이와 부모와의 정서적 유대 관계를 말한다. 우리 아이들은 부모의 체온으로 무럭무럭 성장하며 바르게 자란다. 부모와 자녀 간에 유대감을 형성하는 것이 육아에 있어서는 굉장히 중요하다. 애착 형성이 잘 되어 있는 아이는 유치원에서나 학교에서도 자신의 능력을 발전시킬 수 있다. 친구와의 관계 등 힘든 일이 생겼을 때 부정적인 감정을 잘 다룰 수 있게 된다. 이와 반대로 부모와의 유대 관계가 잘 이루어지지 않는 아이는 또래 관계에서도 문제가 생기는 등의 부정적인 행동을 보일 수 있다.

저자는 아이가 학교 들어가기 전까지는 놀이동산, 키즈 카페는 기본이고 숲 체험, 식물원, 박물관, 과학실, 축제 등 전국을 다녔다. 아이에게 보여주고 체험시키기 위한 것도 있지만 아이랑 함께 다니며 나눈 소소한 대화가 더욱 너무 좋았기 때문이다. 서로 간의 취미와 사랑, 배려를 더 한층 느끼게 된다. 우리 아들은 만들기랑 과학을 좋아한다. 궁금한 것도 많아서 그때그때 집에 와서 실험해보고 모르는 것이 있으면 인터넷으로 찾아 검색해보곤 했다.

이로 인해 우리 아이가 궁금한 것이 무엇인지도 알게 되었고 궁금한 것에 대한 찾으면 아이의 뇌가 폭발적으로 성장한다. 아이와 관계가 더욱 돈독해지려면 아래와 같이 한번 시도해보자. 아래의 8가지는 말로는 쉽지만 직접 실천하기가 '찐(진짜)'이다.

첫째, 아이의 행동보다 속마음을 헤아려주어라

둘째, 엄마의 믿음이 아이를 성장시킨다

셋째, 내 아이를 위한 감정 공부를 하라

넷째, 아이는 부모의 뒷모습을 보고 자란다

다섯째, 똑똑한 아이보다 행복한 아이로 키우라

여섯째, 아이와 자주 스킨십을 하라

일곱째, 아이의 자존감을 높여주라

여덟째, 서로 사랑한다는 말을 많이 하라

『하브루타 실습 2』라는 책을 보면서 부모와 자식 간에 함께 하는 시간이 충분히 필요하다고 생각했다. 삶이 바쁘고 피곤하다고 할지라도 아이들과 부모가 이 책을 보고 참고하면 교육도 교육이지만 가족 간에 유대관계가 더욱 돈독해질 것이다. 일상생활에 여러 가지 주제를 활용하고 그것에 관해 탐구하고 토론하는 방식이 흥미로웠다. 이 책에서 다루는 주제는 이렇게 나와 있다.

– 우리 동네 자랑거리 [동화 _ 있잖아요, 우리 동네에는요~]

– 강강술래 [유네스코 지정 _ 인류 무형 문화유산]

– 쉬어가기_01 [고양이 경청 게임]

– 내가 만드는 세계 여행 [어떤 나라, 어느 도시로 떠나볼까~?]

– 다섯 부류의 사람들 [탈무드 _ 다섯 가지의 선택]

– 소방도로, 소방 안전 [아무리 강조해도 지나치지 않을 만큼 중요해요]

– 쉬어가기_02 [사랑 바이러스?]

– 조선의 천재 발명가 '장영실' [혼천의, 앙부일구, 자격루, 수표, 측우기]

– 동피랑을 그리다 [동피랑 벽화 마을의 오후]

– 나에게는 꿈이 있습니다 [마틴 루터 킹 _ I have a dream]

아이가 원하는 것은 게임이 아니라 부모와의 대화였는지도 모르겠다는 생각을 했다. 요즘 피아노에 재미를 붙이고 있는데, 강강술래를 피아노로 치고 싶다고 말했다. 또 세계 지도를 보면서 마냥 즐거운 여행이 아닌 그 여행 중에 벌어질 수 있는 일들에 관해 이야기해봤다. 일상생활에서 우리 가족만의 관심 있는 주제를 파고드는 생각을 나누는 것도 나쁘지 않을 것 같다.

엄마의 대화가 아이를 변화시킨다. 아이에게 공감하고 경청하고 맞장구 잘 쳐주는 부모는 정말 바람직한 자세다. 공감적 경청은 주의 깊게 들어야 하고 반응까지 보여줘야 한다. 아이가 말을 할 때 "우리 아들 그래서 너무 속상했구나. 정말 슬펐겠다."라고 아이의 이야기를 적극적으로 맞장구쳐주면서 공감하며 리액션 해주는 것이다. 그러면 아이는 우선 엄마가 내 마음을 헤아려주는 사람이라는 믿음을 갖게 된다.

아이와 엄마 사이가 돈독해지려면 아이의 생각을 존중해주고 격려해주어야 한다. 엄마의 의견을 주장하고 강요하기보다는 제안하는 것이다. 아이와 대화를 할 때 아이와 아이 컨택을 하고 아이와 눈높이를 맞춰 눈을 맞추며 이야기해야 한다. 아이와 대화할 때 화가 나고 짜증이 나더라도 소리를 지르는 것보다는 차분하게 조곤조곤 말하는 게 더 효과적이다. 우리 아이가 이해하기 쉽게 차근차근 구체적으로 설명해주는 것도 좋다. 대화는 경청하는 것이다. 간혹 부모님들은 대화하자고 하고서 자신의 이야기만 전할 때가 있다. 하지만 대화는 충분히 듣는 것으로부터 시작된다. 아이의 말을 듣다 보면 내가 할 말도 생각나고 아이와의 관계는 더욱 돈독해질 수 있다.

자녀와 엄마(주 양육자)의 관계는 훗날 자녀가 성장해 사회생활을 할 때 사람들과의 관계 형성의 기초가 된다. 모든 인간관계의 기초는 바로 엄마와 아이와의 관계인 것이다. 아이는 자신의 말에 충분히 귀 기울여주고 공감하는 부모, 도움이 필요할 때 자신의 필요에 초점을 맞춰주고 함께하는 부모를 통해 '관계'를 배우게 된다. 부모로부터 받은 사랑을 관계를 통해 전하게 된다. 아이의 마음에 무조건 공감해준다. 이것은 아이의 모든 행동을 이해해주라는 이야기가 아니다. 예를 들어 떼쓰고 고집부리며 집어 던지고 하는 것은 이해할 수 없지만 아이가 화가 났다는 사실은 인정해줄 수 있다. 그리고 화가 아이를 속상하게 하고 불편하게 한다는 것을 인정해줄 수는 있다. 아이를 알아주는 것, 아이의 속마음을 알아주는 것…. 아이가 물건을 던질 만큼 몹시 화가 났다는 것을 인정해주는 것이 공감이다. 아이의 감정에 대해 인정해주고, 이후 아이의 잘못된 행동에 대해서 말해준다.

이렇게 자녀와의 관계가 정말 중요하다는 것을 알고 있지만, 막상 삶에서 실천하기는 쉽지 않다. 아이를 키우며 맞닥뜨린 나의 한계를 느끼면 좌절하기도 했고, 화가 나서 어려운 마음이 들기도 했다. 나 혼자서 잘하면 된다고 생각했는데, 아이가 생기고 나니 나만 잘해서 되는 일은 없다는 것을 깨달았다. 그리고 내 힘으로만 할 수 없다는 것을 알았다. 누군가에게 의지하고 기대하는 것이 필요하다는 것을 깊이 느끼게 되었다. 엄마란 존재를 다시 생각하는 계기가 되었다.

과연 좋은 부모와 자녀의 유대 관계를 어떻게 만들어야 하는 것일까? 책에서 늘 이야기하는 것을 보지만 살아가면서 삶에 실제로 적용하게 되면 늘 실패의 쓴 것을 맛보게 된다. 책에서 볼 때는 쉬워 보였지만 적용하는 순간 어느 순간에는 어긋나 있는 것을 알게 된다.

현실과 책은 다르기 때문이다. 자녀와의 좋은 관계를 유지하기 위한 해답은 아이가 좋아하는 것이 뭔지를 알아내고, 자녀를 자녀가 아닌 친구라 여기며 다가간다면 쉽게 찾을 수 있다. 관심사도 취미도 좋아하는 것을 유심히 관찰하게 되면 알게 되고 자녀가 이야기할 때 주의를 기울여서 듣게 된다. 자녀의 이야기에 관심을 갖는 순간부터 자녀를 지지해주는 좋은 유대 관계로 가기 위한 밑받침이 되는 것이다. 자녀의 재능을 알게 되었을 때 여러 가지 활동을 할 수 있게 해준다면 자녀는 자신의 재능을 펼쳐 보이게 될 것이다.

아이가 자신의 재능을 통해 자신만 잘사는 것이 아니라, 주변 사람들을 더 사랑하고 유익을 끼칠 수 있는 그런 삶을 살아가게 되길 바란다. 세상은 혼자 사는 것이 아니라 함께 더불어 사는 것이다. 각각의 재능을 가지고 더불어 살아가며 사랑의 관계를 맺으며 살아간다면 세상은 조금이라도 더 나아지지 않을까? 부모와의 관계 속에서 사랑을 배운 아이들, 끊임없이 공감해주고 사랑의 마음을 경험한 아이들은 그 사랑을 주변에 전하게 되고, 또 그 사랑이 전하면서 사랑이 흘러가는 기적을 소망해본다. 무엇보다 성공도 좋겠지만, 진심으로 내가 바라는 것은 아이들이 부모를 사랑하는 삶을 살게 되길 바란다. 내 삶에 가장 큰 소원은 바로 이것이다. 부모와 아이 사이의 유대 관계가 깊을수록 자녀가 자라는 부분에 있어서 더 건강하게 성장할 수 있는 것이다.

-05-

일상 중국어로 자연스럽게 말문이 트인다

아이와 엄마는 놀이 활동을 하면서 엄마가 묻는 말에 중국어로 대답하게 되는데 이를 통해 일상에서 놀아주면서도 자연스럽게 중국어가 나오게 된다. 중국인이 밥 먹듯이 쓰는 꼭 필요한 패턴 말이다.

문장에서 자연스럽게 패턴을 익히고 배운 문장을 응용해서 대화문 속에서 패턴의 쓰임을 알게 된다. 엄마는 정말 말이 많은 수다쟁이가 되어야 한다. 아이랑 매일 같이 노래 부르고 중국어 그림책을 보다 보면 저절로 실력이 늘어나는 것을 알 수 있다.

엄마의 중요한 역할은 아이의 말하기 습관을 길러주는 것이다. 말문이 트인다는 것은 결국 평소에 오랜 시간 동안 중국어 훈련을 꾸준히 한 것이다. 이것은 습관을 통해 가능하다. 중국어 말하기는 오랜 시간을 필요로 하기에 하루라도 빨리 내 아이에게 중국어로 일상으로 말해줘야 한다. 중국어는 언어이며 언어는 의사소통하기 위해 배우는 것이다. 언어는 말하지 않으면 무용지물이다.

머릿속에서 생각하고 있는 말을 바로 말하려면 어떻게 해야 할까? 큰소리로 자신 있게 말하는 연습을 통해 익혀야 한다. 엄마가 일상생활을 하는 동안 반복적으로 중국어로 말하는 것이 아이에게 자연스럽게 중국어의 뜻을 알 수 있게 한다. 중국어를 처음 접하는 엄마들도 있을 것이고 중국어를 배운 엄마들도 있을 것이다. 중국어 처음 접하는 엄마들도 엄마가 먼저 일상생활에서 많이 사용하는 문장으로 대화하며 아이 또한 자연스럽게 중국어를 한국어처럼 말할 수 있도록 연습해야 한다. 아래의 몇 가지를 따라 연습해보자.

你好 (안녕?)

[nǐhǎo]

谢谢 (고마워)

[xièxiè]

心情怎么样 (기분 어때?)

[xīnqíng zěnmeyàng]

好吃 (맛있다)

[hǎochī]

我爱你 (사랑해)

[wǒàinǐ]

我喜欢你 (난 너를 좋아해)

[wǒxǐhuān nǐ]

我是韩国人 (나는 한국사람입니다)

[wǒshì hánguórén]

祝你圣诞快乐 (메리 크리스마스)

[zhùnǐ shèngdànkuàilè]

挑战 (도전!)

[tiáozhàn]

真的吗？加油！ (정말? 파이팅!)

[zhēndema? jiāyóu!]

중국어나 모든 언어는 자신이 아는 만큼 들린다. 처음에는 잘 안 들릴 수도 있다. 너무 안 들린다고 실망하지 말고 흘려듣기로 귀를 트이게 한다. 중국어 듣기 실력을 향상시키고 싶다면 중국어를 큰 소리로 따라 하는 연습을 하자. 중국어는 사용하는 만큼 늘게 되니, 사용하지 않으면 실력이 줄게 된다. 멈추지 말고 꾸준히 지속해야 한다. 말을 잘할 수 있는 습관을 길러주는 것은 엄마가 해줄 수 있는 최고의 선물이 아닐까 한다.

어떤 엄마라도 인내심과 정성이 있으면 큰돈을 들이지 않아도 해줄 수가 있다. 한 숟가락에 배부를 수는 없다. 말하는 것은 바로 성과가 나오는 것이 아니다. 조금씩 매일 꾸준히 한 단어, 한 문장씩 습관을 들이다 보면 어느 날 정말 깜짝 놀랄 만큼 말문이 트여서 술술 이야기하는 시기가 꼭 온다.

아이가 큰소리로 중국어를 말하면 가장 좋은 점은 자신감이 붙는 것이다. 그 자신감을 갖고 유창하게 표현할 수 있으며 아이가 점차 자기 생각을 중국어로 자연스럽게 말할 수 있게 될 것이다. 일단 아이가 중국어를 꾸준히 말할 수 있는 환경을 만들어주자. 아이에게는 환경이 정말 중요하다. 아이가 중국어를 처음에는 인풋하고 나중에 중국어가 아웃풋으로 나온다. 여기서 잠깐! 챈트나 동요나 수시로 틀어놓고 아이가 따라 부르게 엄마가 같이 따라 부른다.

엄마표 중국어 수업 중에 엄마들이 하나같이 하는 말이 있다.

"엄마가 먼저 중국어로 아이랑 말하니 아이도 소리 내 똑같이 따라 한다." 또 다른 엄마는 "제가 일상에서 중국어로 대화를 하니 우리 아이들도 일상에서 자연스럽게 중국어로 말하는 것이 가능해져서 기분 좋았다."

우리 아이가 중국어에 말문이 트이게 하는 팁을 알려드리겠다. 이것은 내가 아이들 수업 때 아이들이 재미있게 즐기면서 중국어를 더 적극적으로 말한다는 것을 알아낸 게임이었다.

① 카드 빨리 잡기 놀이

놀이 소개 : 엄마가 말하는 단어를 재빨리 말하고 집어내면 칭찬 스티커를 준다.

준비물 : 단어 카드

놀이 방법 : 중국어 단어가 적힌 카드를 바닥에 흩어놓고 엄마가 말하는 단어를 찾아서 맞게 말하면 스티커를 획득하게 된다.

② 발 모양 단어 카드 밟기 놀이

놀이 방법 :

1) 집안 거실 바닥에 발 모양 단어 카드를 걸음걸이 모양으로 붙인다.

2) 아이들이 한걸음에 하나씩 발 모양을 따라 걸으며, 밟은 단어를 중국어로 말하게 한다.

3) 아이는 엄마가 지시하는 단어를 듣고 해당 발 모양 단어 카드가 있는 곳으로 걷거나 점프한다.

일상생활에 중국어를 접목해서 아이에게 많은 것을 중국어로 알려주고 들려주는 것이다. 부모가 아이랑 같이 있을 때는 항상 중국어에 노출하는 방법으로 아이의 중국어 대화 실력이 크게 향상될 수 있다. 하루에 꾸준히 한 문장이라도 중국어로 말하는 것이 너무나 중요하다. 언어는 지속적으로 하는 것이 중요하기 때문이다. 말문이 터지는 것은 단기간에 이루어지는 것은 아니다. 아이가 조금씩 중국어를 입으로 소리 내어 말하는 습관이 쌓이면 자연스럽게 말문이 트인다. 말문이 터지려면 중국어로 말하는 반복 연습이 필요하다는 것을 기억하자.

- 06 -

'재미있다'는 생각으로 중국어가 생활 속에 자리잡는다

아이들이 언어를 배우는 데 있어서 무엇보다 중요한 점은 무조건 재미있어야 한다는 것이다. 재미있어야 한마디라도 모방하여 따라 하고 흉내를 낸다. 어른들도 마찬가지이다. 재미가 있으면 계속 파고들고 습관이 되어 나의 것으로 만들기가 쉽다. 재미나는 놀이처럼 말이다. 그 놀이가 중국어라면 상상이 가는가? 아이들을 마술처럼 중국어에 빠지게 한다면 선택 안 할 이유가 없다.

모든 언어는 기본적으로 소통의 도구다. 결국 본질은 같다. 어느 나라 사람이든지 모두 공통점이 있다. 차이점만 찾으면 외국어를 익히는 길이 험난해지지만, 공통점에서 출발하면 외국어 정복이 한결 수월해진다. 차이점이 아닌 공통점에서 출발하자. 언어가 표현하는 대화 양식도 비슷함을 나타낸다. 그러니 한국어만 알아도 중국어가 들리는 게 당연하다. 이렇게 믿고 공부하면 된다. 소리와 문자가 익숙하지 않아서 아직 들리지 않을 뿐이다. 한국어를 하면 당연히 중국어도 할 수 있다.

중국 문화를 접해보자. 아이가 좋아하는 분야부터 시작하자. 동요, 만화, 챈트, 중국 시 등 어떤 분야도 좋다. 먼저 관심을 두고 찾아보면 즐길 수 있는 것이 참 많다. 문화에 대해 열린 마음을 가져야 외국어 공부가 더 신나고 높은 수준까지 성장할 수 있다. 만화는 완벽한 상차림이다. 모두 활용하자. 만화를 보고 대사를 익힌다. 만화에 나오는 주인공들 따라 중국어로 말해본다. 이렇게 하면 만화를 완전히 정복할 수 있다. 만화 한 편은 교재 한 권과 맞먹는다. 시각과 음향 효과가 있는 교재다.

각자에게 맞는 만화 영화를 찾아보자. 자신이 흥미가 있는 만화가 최우선이다. 즐겁게 보고 행복하게 익히자. 유튜브에 들어가서 '碰碰狐(핑크퐁)'을 검색하면 중국 동요, 동화 등이 있다. 참고하면 된다.

주위에 엄마들은 이런 질문을 많이 한다.

"중국어 선생님, 아이와 중국어로 일상생활에서 시작하려면 어떻게 해야 하나요?"

엄마가 아이에게 중국어를 어떻게 시작해야 하는가가 궁금하다는 것은 엄마가 아이의 중국어에 관심이 생겼다는 것이다. 엄마표 중국어의 첫 시작을 알리는 것이기도 하다. 엄마가 일상생활에서 자주 쓰는 중국어 한마디가 우리 아이의 중국어 말문을 터지게 한다. '우리 밥 먹을까?'라는 말을 중국어로 말해준다면 우리 아이는 공부가 아닌 일상으로 받아들이기 시작한다.

예시를 들면 아이가 배고플 때 엄마가 아이에게 "뭐 먹을래?"라고 말하면서 알려주면 된다. 좀 더 중국어를 알아가기 쉽게 반복하여 알려주자. 처음 시작할 때 중국어와 한국어를 동시에 말해서 중국어의 뜻을 알게 해주다가 차츰 중국어를 사용해서 말하면 된다. 아이에게 바로바로 상황에 맞는 일상생활 속 중국어를 사용해 반복적으로 익히게 하는 게 정말 중요하다. 일상생활 속에서 아이와 대화 속에서 주고받는 상황을 중국어로 표현을 하고 말하다 보면 어느새 엄마와 아이도 말문이 확 트이게 된다. 요즘 코로나로 인해 밖에도 나가지 못하니 집에서 아이랑 같이 놀이로 중국어를 매일 재미있게 하고 있다. 그래서인지 아이는 중국어가 쑥쑥 늘어나는 게 보였다.

서울 강남의 대치동은 우리나라 사교육의 박람회 같은 곳이다. 그곳에 있는 학원에 다니면 명문대 가고 성적이 오르고 성공한다는 소문이 허다하다. 그런데 대치동 학원가에서 공부하여 효과를 본 아이들은 몇 퍼센트나 될까? 2년 전에 강남 사립 초등학교 그룹 수업을 학부모가 상담 신청했을 당시 아이들은 11세였다. 학교에서도 중국어를 일주일에 2회 정도 배우고 있었다. 그 아이들의 학원 스케줄은 정말 빡빡했다. 거의 매일 저녁 11시 넘어야 집에 들어가서 씻고 잔다고 했다. 엄마들은 나에게 말했다.

"선생님 우리 아이들 중국어 성적 잘 나오게 하면 돼요. 중국어과도 있어서 시험 성적에 들어가거든요. 잘 부탁합니다."

사립 초등학교는 중국어과가 있어서 중국어도 시험 성적에 들어간다는 것이었다. 아직 초등학교 4학년인데 아이들을 너무 스파르타식으로 공부를 시키는 것이었다. 강남 대치동 카페에서 저녁 7시에 그 아이들을 만났을 때 한 아이가 도시락을 들고 들어왔다. 아직 저녁밥을 먹지 않았다는 것이었다. 그때 그 아이는 허겁지겁 먹기 시작했다. 나는 물을 건네주고 체하겠다며 천천히 먹으라고 말해줬다. 아이가 "선생님 괜찮아요. 고마워요." 하고 꾸역꾸역 먹는 것을 보니 너무 안쓰러워 보였다.

이 친구들 첫 수업인데 긴장도 풀 겸 먼저 나를 소개하고 친구 한 명씩 돌아가며 자기소개 시간을 가졌다. 소개가 끝난 후 친구들 지금 제일 힘든 면이 무엇인지 고민을 털어놓는 시간을 갖게 되었다. 한 아이가 말했다.

"선생님, 저희들은요. 출근하는 아빠보다 더 힘들고 스트레스를 많이 받아요. 왜냐면 저희는 아침 7시에 일어나서 8시에 학교 가서 저녁 11시에 집에 들어와요. 그리고 주말도 쉬는 시간 없이 학원 가야 해요. 아빠는 주말에 쉴 수도 있잖아요."

아이는 쉬지도 못하고 계속 학교, 학원에 다니는 것이었다. 이렇게 이야기하는 아이가 한편은 대견하기도 하고 한편은 마음이 짠했다.

나는 그 친구들 사정을 알고 난 후, 중국어를 딱딱한 수업이 아니라 정말 자유롭게 편하게 공부할 수 있게 해줘야겠다고 생각하고 "얘들아 오늘 수업은 우리 그냥 노는 거야." 하면서 아이들의 긴장을 풀어주었다. 아이들이 "와우!" 하면서 좋아서 너무 좋다고 소리 지르는 것이었다. 이 친구들을 보고 나는 다시 한번 '어떻게 하면 이 친구들이 중국어가 공부가 아닌 놀이라고 생각할까? 어떻게 하면 재미있어서 기다리게 되는 수업이 될까?' 고민하였다. 아이들에게 숨 막히지 않고 좀 숨을 쉴 수 있는 공간을 만들어주고 싶었다. 수업이 끝나자 아이들은 정말 재미있게 수업을 하게 돼서 좋았다고 이야기한다. 다음 시간도 기대된단다.

아이들도 평상시에 긴장 속에서 삶을 사는 것 같다. 요즘 아이들은 스트레스도 많이 받고 우울증도 많이 있다. 쉴 틈 없는 일정 속에서 마음을 이완시켜줄 수 있는 기회가 없으니 아이들은 스트레스를 얼마나 많이 받을까? 이러면 아이들은 공부는 시험을 위한 공부로 생각한다. 대한민국의 교육에서 부모에게 이끌려 억지로 하는 공부가 아니라 아이 스스로 행복하고 재미있어하는 공부는 없을까? 우리 아이에게는 평생 공부란 재미없고 지루하고 괴로운 것, 그리하여 인내하고 어쩔수 없이 해야 하는 것이라는 생각을 심어줄 수밖에 없는 걸까?

억지로 학원에 보내면 아이들이 공부도 제대로 하지 않을뿐더러 학원비만 내어주는 꼴이 된다. 학원에서는 자리 지킴이가 되어가고 엄마 등에 떠밀려서 학원에 가는 친구들을 보면서 가게 되기도 한다. 이때 책임감 있고 아이를 잘 이끌어 나아갈 수 있는 선생님을 만난다면 아이도 변화하게 된다. 누군가에 의해서가 아니라 아이가 자의적으로 선택을 하게 되면 중국어에 흥미도 생기고 재미도 알게 되고 잘할 수 있다는 자신감도 생길 것이다. 중국어 실력이 늘어나는 것은 시간 문제인 것이다. 관심도가 상승하게 되면서 몰입을 하게 되어 실력은 늘어나고 중국어가 어렵다고 생각하지 않게 될 것이다.

중국어를 어렵다고 생각하지 말자. 우리가 매일 밥 먹듯이 중국어도 밥 먹듯이 쉽다고 우선 생각하라. 나는 아이들 수업 때나 우리 아들한테도 중국어는 밥 먹듯이 쉽다고 세뇌한다. 어렵다고 생각하면 어려운 것이고 '쉽다, 쉽다' 생각하면 뭐든지 쉬운 것이기 때문이다. 실생활 속에 중국어는 어떤 것일까? 어렵게 시작하는 것보다 생활 속에서 흔히 쓰는 쉬운 단어부터 연습을 하는 것이 좋다.

가령 엄마[妈妈:마마], 아빠[爸爸:빠바], 언니/누나[姐姐:제에제], 오빠/형[哥哥:꺼어거], 남동생[弟弟:띠이띠], 여동생[妹妹:메이메이], 할아버지[爷爷:예예], 할머니[奶奶:나이나이] 등이 있으며 아이가 좋아하는 것을 통해 연습하는 것도 좋다. 익숙하고 친숙할수록 아이의 머리에 저장되기 쉬워진다.

이와 같이 우리 아이가 일상생활에서 중국어 학습이 아닌 재미를 느끼고 흥미를 지속시킬 수 있게 해주는 방법이 바로 아이에게 딱 맞는 중국어 교육 방법이다. 하기 싫은데 의무적으로 하는 것 아니라 정말 좋아서 하다 보면 시간 가는 줄 모르고 하게 된다. 그러면서 점차 실력은 늘어나게 되고 중국어를 잘하는 아이가 되어 있을 것이다. 처음부터 외국어를 능수능란하게 구사할 줄 아는 사람은 없다. 끊임없는 노력과 언어 훈련을 오랜 시간 동안 해왔기 때문이다. 언어의 습득과 구사력은 단기간에 잘할 수 있는 것이 아니다.

실생활 속의 의사소통을 거치면서 언어의 능력을 키워가는 것이 매우 중요하다. 아이가 좋아하고 재미있어하는 놀이들을 통해서 중국어로 대화하다 보면 어느새 중국어가 생활 속에 자리 잡게 된다. 처음부터 외국어를 잘하는 사람은 없다.

하지만 단기간에 잘할 수 있는 것도 아니다. 실생활 의사소통 능력을 배양하는 것은 매우 중요하다. 아이가 좋아하고 재미있어하는 놀이를 통해 일상대화가 중국어로 가능하다면 중국어가 생활 속에 자리 잡게 된다. 10년 후 우리 아이의 미래를 아이와 함께 그려보자. 지금 이 책을 읽는 순간부터 시작이다. 도전하자!